KB248174

AI와 친한 아이가 살아남습니다

신재현, 공혜정 지음

매일경제신문사

지금 우리의 일상 속을 들여다보면, AI가 닿지 않은 영역을 찾기 어렵다. 우리는 이미 AI와 함께 일하고, 판단하고, 선택하며 살아가고 있다. 이런 환경에서 자라는 아이들은 앞으로 더 많은 공부와 놀이, 그리고 중요한 선택의 순간을 AI와 함께 맞이하게 될 것이다. 중요한 것은 기술을 앞서게 하는 것이 아니라, 아이가 스스로 생각할 수 있는 기준을 세워주는 일이다. 이 책은 AI에 의존하지 않으면서도 현명하게 활용하는 방향을 제시하며, AI 시대를 살아갈 아이를 둔 학부모에게 신뢰할 수 있는 교육의 기준이 되어준다.

윤태성 | KAIST 기술경영전문대학원 교수 · 《AI 이후의 경제》 저자

급변하는 AI 시대, "우리 아이는 준비되어 있을까?"라는 질문보다 중요한 것은 "부모인 나는 어떻게 준비하고 있을까?"이다. 이 책은 부모들에게 아이들보다 한 걸음 앞서 미래를 내다보며, AI와 친해지는 능력을 키워줄 핵심적인 질문과 그에 대한 실천적인 전략을 담았다. 단순한 AI 기술 활용을 넘어, 변화하는 세상에서 우리 아이가 주도적으로 살아갈 힘을 길러주는 자녀 교육의 새로운 출발점이다.

여승현 | 대구교육대학교 교수 · 〈똑똑! 수학탐험대〉 개발

AI가 교육 현장에 들어와 체계를 잡아가고 있는 지금, 이 책은 AI를 도구로써 어떻게 현명하게 사용할 것인지 차분히 짚어줍니다. 그리고 우리 아이들이 AI와 건전한 파트너로 지낼 수 있게 어른들의 역할을 명확히 제시해줍니다. AI 시대의 창의성과 문해력, 그리고 문제 해결력. 평소에도 생각하는 힘과 소통하는 능력을 강조하며 학생들 지도에 힘쓰시던 신재현, 공혜정 선생님의 고민과 노력이 가득 담긴 책입니다. 이 책을 통해 어른들이 AI 교육의 바른 길잡이가 되어준다면, 아이들은 AI와 '친한' 새로운 세상의 주인공으로 성장할 것입니다.

김진우 | 제주무릉초등학교 교사

요즘 우리 아이들은 AI를 자연스럽게 사용하지만, 정작 스스로 생각하는 힘은 약해지고 있습니다. 이 책은 현직 초등교사가 쓴 이야기로, AI 시대 부모의 막연한 고민에 구체적인 방향을 제시합니다. 단순히 AI 활용법이 아니라, 우리 아이가 '스스로 질문하고 생각하며 표현하는 힘'을 어떻게 키울 수 있는지 차근차근 알려줍니다. AI를 도구로만 쓰는 게 아니라, AI와 함께 더 깊이 생각하는 아이로 키우고 싶은 부모님께 추천합니다.

김가람 | 대전석봉초등학교 교사

이 책은 급변하는 AI 시대 속에서 막막함과 두려움을 느끼는 현직 초등 교사에게 친절한 안내서이자 든든한 길잡이가 되어줍니다. 이 책에 소개된 학년군별 AI 활용법과 학습 도구를 잘 활용한다면 초등학교 현장에서 AI 교육을 쉽고 자신 있게 적용할 수 있을 것입니다. 또한 부모가 알아야 할 AI 교육의 방향과 다양한 코칭 방법을 제시해 학부모의 불안을 신뢰와 확신으로 바꾸고, 아이들이 훌륭한 디지털 시민으로 성장할 토대를 마련해줍니다.

김태훈 | 서울신도초등학교 교사

이 책은 "AI가 다 해주는데, 우리 아이는 무엇을 배워야 하지?"라고 고민하는 학부모에게 하나의 답을 제시합니다. 저자는 AI를 잘 쓰게 만드는 방법보다, AI 앞에서도 스스로 멈춰 서서 생각할 수 있는 힘이 아이에게 더 중요하다고 말합니다. 정답이 점점 빨라질수록, 아이의 생각을 기다려주는 어른은 더욱 필요해지고 있습니다. 이 책은 아이를 관리하는 부모가 아니라, 아이 옆에 앉아 "왜 그럴까?"를 묻는 부모로 한 걸음 더 다가가도록 돕습니다. AI 시대에도 흔들리지 않는 아이. 그 시작은 특별한 기술이 아니라, 부모의 질문과 관심입니다.

좌승협 | 제주외도초등학교 교사 ·《초등 노트필기의 기술》 저자

머지않아 AI 없는 하루는 상상조차 할 수 없을 만큼, AI는 우리 삶의 필수품이 될 것입니다. 하지만 거대한 변화의 물결 앞에서 자녀를 위해 무엇을 준비하고 어떻게 가르쳐야 할지는 여전히 깊은 고민으로 다가옵니다. 신재현, 공혜정 선생님은 이 책에서 미래 교육의 변화와 나아가야 할 방향을 안내하는 세심하고도 명쾌한 지도를 펼쳐보입니다. 이 지도를 따라가다 보면 어느새 우리 자녀는 AI 시대를 이끌어갈 리더로 성장해 있을 것입니다.

정진욱 | 충북옥동초등학교 교사

하루가 다르게 변화하는 AI 기술을 보며 우리 아이들이 살아갈 미래의 세상이 어떻게 변할 것인지 기대가 되면서도, 한편으로는 마음 한구석에는 변화의 파도에 떠밀리게 되는 것이 아닌가 하는 불안감이 존재하고 있습니다. 이 책은 학교 현장에서 AI 활용에 대한 실천적 방법과 가정에서 부모가 실천할 수 있는 AI 활용 지침을 구체적으로 제시합니다. AI라는 변화의 파도를 타고 우리 아이들이 주체적인 리더로 성장하길 바라는 모든 선생님과 부모님께 이 책이 든든한 이정표가 될 것이라 확신합니다.

신재일 | 전북북면초등학교 교사

AI 시대의 교육, 무엇을 준비해야 할까?

요즘 세상은 AI 없이는 설명하기 어려울 만큼 빠르게 변하고 있다. "노래 틀어줘"라는 한마디에 음악이 흘러나오고, 내가 좋아할 만한 곡을 알아서 추천해주는 일은 이미 일상이 되었다. 음악은 물론 영화, 책, 패션, 뷰티, 스포츠에 이르기까지 AI의 영향이 닿지 않는 영역을 찾기 어렵다. 이제 AI는 더 이상 낯선 기술이 아니라, 우리의 일상 속에 자연스럽게 스며든 하나의 환경이 되었다.

교육도 예외는 아니다. AI를 교육에 활용하려는 시도는 몇 해 전부터 이어져왔고, 최근 들어 그 속도는 더욱 빨라지고 있다. 요즘 초등학교 교실에서는 AI 기반 학습 도구, 이른바 에듀테크를 활용한 수업을 어렵지 않게 찾아볼 수 있다.

AI 기술이 교실 안으로 들어오면서 변화는 수업 방식에만 머물지 않는다. 무엇을 가르치고, 어떻게 배울 것인가에 대한 질문이 새롭게 떠오르고 있다. 교실이라는 공간뿐만 아니라, 그 안에서 아이들이 배우고 자라는 방식 자체가 달라지고 있기 때문이다. 그렇다면 이 시대를 살아갈 아이들은 무엇을 준비해야 할까?

AI가 많은 일을 대신하는 시대에, 인간에게 필요한 능력도 달라지고 있다. 단순한 암기나 반복적인 계산처럼 기계가 더 잘할 수 있는 일을 사람이 계속할 필요는 없다. 오히려 기계가 할 수 없는 영역, 인간만이 발휘할 수 있는 역량이 더욱 중요해지고 있다.

그 핵심으로 자주 이야기되는 것이 창의성, 문해력, 그리고 AI 활용력이다. 창의성은 전혀 다른 생각을 연결해 새로운 가능성을 만들어내는 힘이다. AI는 이미 존재하는 데이터를 바탕으로 패턴을 찾는 데는 능하지만, 스스로 문제를 만들고 의미를 부여하는 일은 여전히 인간의 몫이다.

문해력은 글을 읽고 이해하는 수준을 넘어, 정보의 맥락과 의도, 신뢰성을 비판적으로 살펴보는 능력이다. AI가 만들어낸 텍스트와 이미지가 넘쳐나는 시대일수록, 보이는 결과를 그대로 받아들이지 않고 한 번 더 생각해보는 힘이 필요하다.

AI 활용력 역시 단순히 '쓸 줄 아는 능력'에 그치지 않는다. AI에게 어떤 질문을 던질지 고민하고, 나온 결과를 자기 상황에 맞게 해석하며, 필요에 따라 취사선택하는 태도까지 포함한다. 기술에 끌려가지 않고, 기술을 도구로 다루는 힘이다.

이 세 가지는 따로 떨어진 능력이 아니다. 창의성과 문해력이라는 인간의 기본 역량 위에서, AI 활용력이 비로소 의미를 갖는다. 이 힘들이 함께 작동할 때 아이들은 AI 시대를 보다 능동적으로 살아갈 수 있다. 그리고 이를 키우는 과정에는 아이뿐만 아니라 부모와 교사 모두의 역할이 필요하다.

먼저 학생은 AI를 활용하는 학습의 주체가 되어야 한다. AI가 제시하는 정보를 그대로 받아들이기보다, 스스로 목표를 세우고 탐구의 방향을 조정하는 경험이 중요하다. 디지털 기기를 사용하는 과정에서 자제력과 올바른 습관을 함께 기르는 일도 빼놓을 수 없다.

학부모는 AI 교육의 감시자가 아니라 동반자가 되어야 한다. 아이가 AI를 활용해 공부할 때 어떤 점이 어려운지, 무엇을 느끼는지 함께 살펴보고 이야기 나누는 역할이 필요하다. 디지털 기기를 사용할 때 지켜야 할 태도와 에티켓 역시 일상 속에서 자연스럽게 익혀가야 한다. 무엇보다 중요한 것은 아이가 스스로 질문하고 판단할 수 있도록, 가정 안에서 대화의 시간을 꾸준히 만들어주는 일이다.

교사는 AI 활용 역량을 갖춘 수업 설계자가 되어야 한다. 새로운 도구를 소개하는 데서 멈추지 않고, 교육 목표와 학생의 특성에 맞게 AI를 수업에 녹여내는 전문성이 요구된다. 실제로 많은 교사들이 연수와 연구를 통해 이런 변화를 준비하고 있으며, 교육 현장 역시 다양한 방식으로 이를 뒷받침하고 있다. 이제 교사는 지식을 전달하는 사람이 아니라, 아이들의 사고를 확장하고 생각을 이끄는 안내자에 더 가까워지고 있다.

우리는 이미 AI와 공존하는 시대를 살고 있다. AI와 친숙한 아이가 곧 경쟁력을 갖게 되는 사회로 나아가고 있다. 그렇다면 아이는 더 주체적으로, 부모는 더 현명하게, 교사는 더 깊이 있게 AI를 마주하기 위해 무엇을 고민해야 할까?

이 책은 바로 그 질문에서 출발한다. 부모와 교사, 그리고 학생이 함께 고민하고 실천할 수 있는 방향을 독자 여러분과 함께 모색하고자 한다. 이 책은 교육 경력 20년이 넘은 현직 교사 부부가 집필하였다. 그동안 AI 연구학교에서 근무하며 교육부 연구 과제를 수행했고, AI 관련 연수에 적극적으로 참여해왔다. 개인적으로는 AI 활용 교육과 관련한 교사 연수와 학부모 강연에도 꾸준히 강사로 참여하며 다양한 연구를 병행했다. 이러한 경험과 시간이 이 책을 집필하는 밑거름이 되었다.

아무쪼록 이 책이 AI 시대의 교육을 고민하는 많은 분들께, 작은 길잡이가 되기를 바란다.

– 신재현, 공혜정

✦ 차례 ✦

PART 1

AI 시대, 교육은 어떻게 바뀌고 있는가?

AI 시대,
교육은 어떻게 달라지는가

요즘 아이들은 AI 도구를 능숙하게 다룬다. 태블릿으로 공부하고, AI 영어 서비스나 유튜브 요약 앱도 척척 쓴다. 챗GPT 같은 도구도 일상에서 익숙하게 활용한다. 아이들은 그 변화 속에서 빠르게 적응한다. 기술을 활용하는 능력만 놓고 보면 어른들보다 한 수 위다. 그런데 학교 현장에서 선생님들이 자주 하는 말이 있다.

"아이들이 점점 요지를 못 잡아요."

"자기 생각을 쓰는 걸 어려워해요."

사실 이런 이야기는 단순한 느낌이 아니라, 숫자로도 확인된다. 최근 발표된 여러 조사 결과를 보면 아이들의 '읽기 능력'이 분명히 떨어지고 있다. 그게 실제인지 아닌지는, 교육부가 매년 실시하는 '국가수준 학업성취도 평가' 결과를 보면 알 수 있다.

2020년부터 2024년까지, 중학교 3학년과 고등학교 2학년 학생들의 국어 성적에서 '보통 학력 이상(3수준 이상)' 비율은 눈에 띄게 줄었다. 중학교 3학년의 경우, 2020년에는 75.4%가 '보통 이상' 수준이었지만, 2024년에는 66.7%로 낮아졌다. 고등학교 2학년도 비슷한 흐름을 보였는데, 2020년 69.8%였던 '보통 이상' 비율이 2024년에는 54.2%까지 떨어졌다. 반대로 '기초학력 미달(1수준)' 비율은 오히려 늘었다. 중학교 3학년은 6.4%에서 10.1%로, 고등학교 2학년은 6.8%에서 9.3%로 높아졌다. 이런 변화는 교실에서도 그대로 느껴진다. 2024년 한국교원단체총연합회가 진행한 설문에서, 선생님 92%가 '학생들의 문해력이 예전보다 낮아졌다'라고 답했다. 실제로 아이들의 읽기 능력은 떨어지고 있다.

아이들이 책을 안 읽는 건 아니다. 오히려 예전보다 더 많은 정보를 접하고, 더 자주 글을 읽는다. 문제는 얼마나 읽느냐가 아니라, 어떻게 읽느냐다. AI 기술이 발달하면서, 아이들은 챗GPT나 유튜브 요약 앱 같은 도구를 자연스럽게 쓴다. 정보도 빠르게 찾고, 필요한 내용도 금세 정리한다.

하지만 읽기 능력과 사고력은 모두 떨어지고 있다. 이걸 단순히 'AI 기술 때문'이라고 말할 수는 없다. 문제는 기술이 아니라, 그 기술을 어떻게 쓰고 있는가에 있다. 예를 들어 한 아이가 독서 과제로 책을 읽고, 챗GPT에게 줄거리 요약을 부탁한다고 해보자. 아이는 AI가 만들어준 요약 결과를 그대로 복사해 발표 자료로 제출한다. 형식적으로는 과제를 수행했지만, 정작 아이는 그 책을 읽고 어떤 감정을 느꼈는지, 무엇이 인상 깊었는지, 왜 그 내용이 중요한지는 말하지 못한다.

이런 장면은 우리가 'AI 도구를 잘 다루는 아이'를 키운다고 믿는 동안, 아이를 'AI가 대신 생각해주는 세상'에 그대로 놓아두고 있는 건 아닌지 돌아보게 한다. 그렇다면 여기서 중요한 질문이 생긴다. 우리 아이가 AI와 함께 살아갈 시대, 진짜 필요한 능력은 무엇일까?

🤖 교실은 어떻게 바뀌고 있을까?

많은 선생님들이 AI 기술을 수업에 접목하면서도, 아이의 사고력과 자율성을 어떻게 키울지 끊임없이 고민하고 있다. 학부모님들 중에는 걱정스럽게 묻는 이들도 있다.

"요즘 학교에서 AI로 수업한다던데, 혹시 기계가 선생님을 대신하는 건 아닌가요?"

위와 같은 질문에 대한 대답은 분명하다. AI는 수업 도구일 수는 있지만, 선생님을 대신할 수는 없다. 아이의 감정을 읽고, 성장의 속도를 살피고, 생각의 방향을 잡아주는 건 여전히 사람, 바로 교사의 몫이다. 다만 그 역할은 이전과는 분명히 달라지고 있다. 이제 선생님은 단순히 지식을 전달하는 사람이 아니다. 아이들이 스스로 질문을 던지고, 자기 생각을 정리하도록 이끌어주는 사람이 되어가고 있다. 그래서 요즘의 수업은 예전처럼 '정답을 가르치는 시간'이 아니다. 오히려 '질문을 던지고, 생각을 키우는 시간'에 더 가깝다.

"GPT가 만든 요약과 네가 직접 쓴 요약은 뭐가 다르니?"

"AI가 실수할 수도 있다는 걸 보여주는 사례를 찾아보자."

"같은 질문을 AI와 친구에게 해보면 어떤 차이가 있을까?"

이런 질문을 통해 아이들은 점점 깨닫게 된다. 'AI가 정답을 줄 수는 있지만, 나만이 할 수 있는 생각도 있다'라는 사실을 말이다. 이건 단순한 기술 교육이 아니다. 스스로 생각하고, 질문을 만들고, 의견을 표현하는 '인간의 능력'을 키우는 과정이다. 그래서 선생님들은 AI라는 도구를 활용하되, 아이들의 생각이 멈추지 않도록 수업을 설계하고 있다.

🤖 교실에 들어온 AI, 그리고 교사의 역할

AI는 이제 초등학교 교실에서도 낯설지 않다. 처음에는 교사의 업무 부담을 덜어주는 '보조자'로 들어왔다. 교사가 원하는 학습지를 만들고, 아이들에게 제공할 그림이나 영상도 손쉽게 제작해준다. 수업 계획과 평가 기록, 학생별 피드백까지 도와주니 교사에게는 반가운 변화다. 무엇보다 AI는 학생 개개인의 특성에 맞춘 학습을 가능하게 한다. 과거에는 모든 학생이 같은 내용을 같은 속도로 배워야 했지만, AI는 학습 데이터를 분석해 아이마다 취약한 부분을 파악하고,

그에 맞는 난이도의 자료를 제시할 수 있다. 느린 학습자에게는 보충 자료를, 성취도가 높은 아이에게는 심화 콘텐츠를 제공하고, 교사는 그 흐름을 한눈에 파악해 필요한 순간에 개입할 수 있다.

AI가 초등학교 교실에 들어온 또 다른 이유는 미래 변화에 대한 대응력 때문이다. AI와 로봇, 빅데이터가 삶과 직업의 구조를 빠르게 바꾸는 시대에, 초등 교육은 더 이상 지식을 전달하는 데서 멈출 수 없다. 어떤 직업이 사라질지, 어떤 능력이 중요해질지 알 수 없는 상황에서 학교는 아이들이 스스로 생각하고 판단하는 힘을 기르는 방향으로 움직이고 있다. 그래서 학교는 창의력, 비판적 사고력, 협업 능력 같은 인간 고유의 역량에 더 주목한다. 메타버스 교실처럼 아이들이 함께 문제를 해결하고, 교사가 그 과정을 살펴보며 피드백을 주는 수업도 이런 흐름에서 등장했다. 이 과정에서 AI는 교사를 대신하는 존재가 아니라, 교사가 아이 한 명 한 명에게 더 집중하도록 돕는 도구로 기능한다.

결국 AI는 도구일 뿐이다. 그 도구를 아이가 어떤 태도로 사용하느냐는 가정과 학교가 함께 만들어가는 분위기에 달려 있다. 이제 질문을 바꿔볼 필요가 있다. AI가 교실에 들어온 시대, 초등학교 수업은 어떻게 달라지고 있을까? 우리 아이는 어떤 환경에서, 어떤 방식으로 배우고 있을까? 그리고 우리는 과연 무엇을 '배운다'라고 말할 수 있을까? 이제부터 그 변화의 현장을 하나씩 들여다보려 한다.

디지털 네이티브 세대와
교육

요즘 아이들을 '디지털 네이티브Digital Native' 세대라고 부른다. 디지털 네이티브란 2001년 미국 교육학자 마크 프렌스키Marc Prensky가 처음 제안한 개념으로, 말 그대로 디지털 환경 속에서 태어나고 자란 아이들이라는 뜻이다. 스마트폰이나 태블릿이 낯설기는커녕, 처음부터 옆에 있었던 물건처럼 느끼는 아이들이다.

우리 아이들을 보면 이해가 쉽다. 책을 펼치기 전에 유튜브를 먼저 켜고, 모르는 게 있으면 백과사전보다 검색창을 두드린다. 스마트폰은 아이들에게 '기계'라기보다 생활의 일부, 때로는 친구 같은 존재다. 굳이 배우지 않아도 자연스럽게 다루고, 디지털 화면을 통해

보고 듣고 소통하며 자란다. 그래서 지금 아이들은 이전 세대와는 다른 방식으로 생각하고, 배우고, 서로 소통한다. 이건 아이 개인의 습관 문제라기보다, 자라는 환경 자체가 달라졌기 때문이다. 그리고 이런 변화는 가정뿐만 아니라 학교, 특히 초등학교 교실의 모습까지 조금씩 바꾸고 있다.

수업의 패러다임이 바뀌고 있다

무엇보다 요즘 아이들은 배우는 방식 자체가 예전과 다르다. 흔히 '디지털 네이티브'라고 불리는 아이들은 여러 가지 일을 동시에 하는 데 익숙하고, 글보다 영상이나 이미지에 더 빠르게 반응한다. 처음부터 끝까지 글을 차분히 읽기보다는, 필요한 부분을 빠르게 찾아내고 훑어보는 데 능숙하다. 클릭하고 직접 만져보고, 바로 반응이 돌아오는 상황에서 더 집중하고 재미를 느낀다. 우리가 익숙했던 '읽고 쓰는 수업'과는 감각 자체가 다르다.

또한 요즘 아이들은 단순히 보는 데서 끝나지 않는다. 영상을 편집해 올리고, 간단한 게임을 만들어보고, SNS에 자기 생각을 정리해 올리면서 자란다. 어릴 때부터 무언가를 '만들어본 경험'이 많다 보니, 학교에서도 가만히 듣기만 하는 수업보다는 직접 참여하고, 자기 생각을 보태고 싶어 한다. 배우는 사람이기 전에 이미 표현하는 사람인 셈이다.

이런 아이들에게 예전처럼 교과서를 따라가며 설명만 하는 수업은 쉽게 지루해질 수 있다. 대신 프로젝트를 함께하거나 문제를 스스로 해결하는 수업, 친구들과 토론하고 몸으로 체험하는 활동이 훨씬 잘 맞는다. 디지털 도구를 활용하면 아이들은 각자에게 맞는 방식으로 정보를 찾고, 친구들과 협력하면서 배움을 만들어갈 수 있다. 이제 교실은 지식을 받아 적는 공간이라기보다, 질문하고 탐색하고 표현해보는 연습을 하는 곳에 가까워지고 있다.

교실은 더 이상 예전의 교실이 아니다

교육 환경도 아이들에 맞춰 함께 바뀌고 있다. 디지털 교과서, AI 튜터, 메타버스 교실, 가상현실VR · 증강현실AR 같은 기술이 실제 수업에 들어왔고, 코로나19를 거치면서 온라인 수업이나 하이브리드 수업도 이제는 특별한 일이 아니게 됐다. 이제 교사와 학생은 시간과 장소에 구애받지 않고 학습할 수 있는 '러닝 에브리웨어Learning Everywhere' 시대에 완벽하게 적응하고 활용할 수 있게 되었다. 이러한 변화는 단순한 기술의 도입을 넘어, 학습의 개념 자체를 다시 정의하게 만든다. 디지털 네이티브 세대에게 필요한 교육은 기계를 잘 다루게 하는 게 아니라, 디지털 환경 속에서도 스스로 생각하고 판단하며 배워가는 힘을 길러주는 일이다.

앞으로의 교육은 지식을 많이 아는 아이를 만드는 데서 끝나지 않는다. 아이가 자기 삶을 어떻게 살아갈지, 어떤 선택을 할지 스스로 그려볼 수 있도록 옆에서 도와주는 역할에 더 가까워지고 있다.

하이터치 하이테크
교육

디지털 네이티브 세대는 첨단 기술을 능숙하게 다룬다. 그래서 디지털 교육 자료나 AI 튜터, 자동으로 피드백을 주는 시스템 같은 기술이 교실 안으로 자연스럽게 들어오고 있다. 아이들도 AI와 함께 배우는 환경에 점점 익숙해지고 있다. 하지만 아무리 기술이 발달해도, 교육의 중심이 사람이라는 사실은 달라지지 않는다. 바로 이 생각에서 나온 개념이 '하이터치 하이테크High-Touch High-Tech'교육이다.

'하이터치 하이테크'는 첨단 기술을 적극 활용하되, 아이를 대하는 사람의 역할을 더 중요하게 보는 교육 방식이다. AI는 학습 데이터를 분석하고, 아이에게 맞는 문제와 자료를 제시하는 데 강점이 있다. 반면 아이의 표정이나 마음 상태를 살피고, 잘하고 있다는 신호를 보내주며, 다시 해볼 용기를 주는 일은 여전히 사람만이 할 수 있다. 기술은 도와줄 수 있지만, 아이의 성장을 이끌어주는 중심에는 결국 교사와 어른의 손길이 필요하다.

AI는 아이가 얼마나 이해했는지를 빠르게 파악하고, 반복 학습이나 혼자 공부하는 과정도 효율적으로 도와줄 수 있다. 하지만 아이가 왜 공부를 어려워하는지, 왜 오늘따라 집중을 못 하는지, 혹시 친구 관계로 마음이 복잡한 건 아닌지는 기계가 알아채기 어렵다. 이런 정서나 관계의 맥락은 교사나 부모처럼 아이를 직접 마주하는 사람만이 읽어낼 수 있다.

예를 들어 어떤 아이가 수학 문제를 계속 틀린다고 해보자. AI는 부족한 개념을 찾아내 추가 문제를 내주고 힌트를 줄 수 있다. 하지만 그 아이가 요즘 무슨 생각을 하고 있는지, 학교에서 어떤 일을 겪고 있는지 물어보고 이야기를 들어주는 건 사람의 몫이다. 기술은 공부를 더 효율적으로 만들어주지만, 아이의 마음을 움직이고 다시 해볼 힘을 주는 건 결국 사람과 사람 사이의 대화와 관계다.

교사의 변화, 아이와 함께하는 조력자

그래서 하이터치 하이테크 교육은 교사의 역할을 조금 다르게 만든다. 지식을 전달하는 사람에서, 아이 곁에서 함께 돕는 사람으로 역할이 넓어진다. AI가 문제를 분석하고 학습 과정을 정리해준다면, 교사는 그만큼 아이와 이야기하고, 살펴보고, 격려하는 데 더 많은 시간을 쓸 수 있다. 그럴 때 교육은 성적을 올리는 데서 끝나지 않고, 아이 한 사람의 성장을 돕는 방향으로 나아간다.

이러한 관점은 수업 설계 방식에도 영향을 미친다. 예를 들어 AI가 학생의 진단평가를 수행하고 맞춤형 콘텐츠를 제공하는 동안, 교사는 그 데이터를 바탕으로 학습 태도와 정서적 반응을 관찰할 수 있다. 또한 AI가 학습 로그를 분석해 진도와 이해도를 시각화한 대시보드를 제공하면, 교사는 그 정보를 바탕으로 1:1 상담이나 개별 지도를 진행할 수 있다. AI는 학습의 길을 열어주고, 교사는 그 길을 함께 걸어주는 동반자가 되는 것이다.

이 과정에서 가장 중요한 건 아이를 바라보는 눈이다. 아무리 AI가 정교해져도, 아이의 말투나 표정, 작은 변화까지 알아차리는 건 사람만이 할 수 있다. 기술은 정보를 처리하지만, 아이의 방향을 잡아주는 것은 결국 교사의 감각과 공감이다. 하이터치 하이테크 교육은 기술과 사람이 각자의 역할을 나눠 협력하는 방식이다. AI는 도와줄 수는 있어도, 아이의 성장을 책임질 수는 없다.

🤖 부모는 감시자가 아니라 동반자다

하이터치 하이테크 시대의 교육은 학교에서만 완성되지 않는다. 가정에서도 아이의 배움은 계속되고, 디지털 도구를 대하는 태도 역시 가정에서 만들어진다. 이에 따라 요즘 부모의 역할도 달라지고 있다. 기기를 쓰는 시간을 관리하는 사람이라기보다, 아이가 무엇을 배우고 어떤 생각을 했는지 함께 이야기해주는 동반자에 가깝다.

집에서 부모 역할이 감시자에서 동반자로 바뀌는 핵심은 시선을 어디에 두느냐다. "얼마나 오래 했어?"보다는 "그걸로 뭘 해봤어?", "어떤 생각이 들었어?"를 묻는 게 더 중요하다. 아이가 기기에서 답만 받아들이는 데서 끝나지 않고, 그 과정에서 자기 생각을 조금이라도 덧붙일 수 있게 도와주는 게 부모의 새로운 역할이다. 이런 경험을 쌓은 아이는 기기를 배움의 주인이 아니라, 배움을 돕는 도구로 받아들이게 된다.

그리고 부모는 정답에 얼마나 빨리 도착했는지보다, 그 과정 자체를 인정해줄 필요가 있다. AI는 금방 답을 알려주지만, 아이에게 꼭 필요한 건 헤매보고, 실패해보고, 다시 시도해보는 시간이다. 잘 안 될 때 "괜찮아, 다시 해보면 돼"라는 말을 들은 아이는 실수를 두려워하지 않고 도전할 힘을 얻는다. 부모의 한마디가 실수를 실패가 아니라 성장으로 바꿔준다.

AI가 내놓은 답과 아이 자신의 생각을 구분해보게 하는 것도 중요하다. "AI는 이렇게 말했는데, 넌 어떻게 생각해?", "다른 방법도 있을까?" 같은 질문은 아이가 기술을 그대로 믿기보다 한 번 더 생각해보게 만든다. 이건 기기를 잘 다루는 능력보다, 기술을 스스로 조절하고 활용하는 힘에 가깝다.

무엇보다 부모가 먼저 줄 수 있어야 하는 건 정보나 기술이 아니라 관계와 안정감이다. 아무리 좋은 콘텐츠가 있어도 아이 마음이 불안하면 배움은 잘 자라지 않는다. 반대로 "같이 해보자", "엄마도 잘 모르지만 함께 알아보자"라는 말만으로도 아이는 충분히 안전함을 느낀다.

하이터치 하이테크 시대의 부모는 아이를 통제하는 사람도, 앞에서 끌고 가는 사람도 아니다. 아이 곁에서 배움을 함께 바라보고, 감정을 받아주고, 실패해도 괜찮다며 응원해주는 사람이다. 기술이 발달할수록 부모의 역할은 줄어드는 게 아니라 더 깊어진다. AI 시대에 부모가 아이에게 줄 수 있는 가장 큰 선물은 통제가 아니라 신뢰, 감시가 아니라 함께하는 마음이다.

격변의 시대,
AI 교육의 방향

AI 기술이 학교에 본격적으로 들어오면서, 교육도 다시 중요한 질문을 던지게 됐다. 기술이 아무리 빨리 발전해도 교육의 목적까지 바뀌는 것은 아니다. 결국 학교가 해야 할 일은 아이가 스스로 생각하고, 자기 생각을 말로 표현하며, 사람답게 살아갈 힘을 키워주는 것이다. 특히 디지털 네이티브 세대에게 필요한 교육은 기기를 능숙하게 다루는 것만으로는 충분하지 않다. AI와 함께 살아갈 아이들에게 더 중요한 것은 기술 속에서 어떻게 생각하고 어떤 선택을 할지 판단하는 힘이다. 그런 의미에서 AI 시대를 살아갈 아이들에게 꼭 필요한 역량은 크게 세 가지 방향으로 정리할 수 있다.

🤖 AI의 한계를 인식하는 비판적 사고

AI는 많은 데이터를 바탕으로 답을 내놓지만, 그 답이 언제나 옳은 건 아니다. AI는 스스로 틀렸다는 걸 알아차리거나, 왜 그런 답이 나왔는지를 설명하지도 못한다. 그래서 아이들에게 필요한 건 AI의 말을 그대로 믿지 않는 태도다. "이게 정말 맞을까?", "왜 이런 답이 나왔을까?"라고 한 번 더 생각해보는 힘이다.

AI가 준 답을 그대로 받아들이기보다 사실인지 확인해보고, 다른 관점은 없는지 질문해보는 연습이 필요하다. AI의 정답에 기대기보다, 자기 판단을 세워보는 경험이 쌓일수록 아이는 기술에 끌려가지 않는다. AI가 틀릴 수 있다는 걸 알고, 스스로 생각할 수 있는 힘, 이것이 AI 시대에 아이들에게 가장 먼저 길러줘야 할 역량이다.

🤖 AI를 활용한 창조적 생산자

요즘 아이들은 AI를 자연스럽게 쓰지만, 대부분은 결과를 받아보는 데만 익숙하다. 하지만 정말 중요한 건 AI를 어떻게 쓰느냐보다, 그걸로 무엇을 만들어내느냐다. AI를 단순한 편의 도구가 아니라, 자기 생각과 창의성을 넓혀주는 도구로 쓰는 경험이 필요하다.

예를 들어 글쓰기 과제에서 챗GPT가 써준 글을 그대로 제출하는 게 아니라, 그 초안을 바탕으로 자기 생각과 표현을 더해 글을 완성해보는 것이다. AI가 대신 만들어주는 데서 멈추는 게 아니라, AI를 활용해 창작의 폭을 넓히는 힘, 이것이 AI 시대에 아이들에게 필요한 두 번째 역량이다.

🤖 기술과 공존하며 인간적 가치 함양

AI가 많은 일을 대신해주는 시대일수록, 사람만이 할 수 있는 능력은 더 중요해진다. 다른 사람 마음을 살피고, 함께 협력하고, 말로 관계를 만들어가는 힘은 아무리 기술이 발전해도 대신할 수 없다. 아이의 기분 변화를 알아차리고, 친구 입장에서 한 번 더 생각해보고, 공동체 안에서 어울려 살아가는 힘을 기를 수 있도록 돕는 것은 여전히 사람의 몫이다. AI 교육은 단순한 기술 숙련도를 넘어, 데이터를 윤리적으로 다루는 책임감과 함께, 인간과 AI가 조화롭게 공존하는 사회를 만들기 위한 인문학적 소양을 함께 길러야 한다. '인간성을 위한 인공지능 AI for Humanity'이라는 방향 아래, 우리는 기술의 발전보다, 사람이 중심에 서 있는 교육을 지향해야 한다.

지금 학교는 단순히 정보를 전달하는 곳이 아니라, 아이가 스스로 생각하고 자기 생각을 표현하며 자기 삶을 그릴 수 있도록 돕는 공간으로 바뀌고 있다. AI에 끌려가는 아이가 아니라, AI를 도구로 다룰 줄 아는 아이. 우리가 함께 키워가야 할 미래의 모습은 바로 그런 아이들이다.

AI 시대,
답보다 질문이 중요해진다

AI나 소프트웨어 개발, 데이터 과학 분야에서 점점 더 중요해지는 역량이 있다. 바로 문제를 정의하는 능력이다. 이건 단순히 문제가 무엇인지 아는 데서 끝나지 않는다. 상황을 이해하고 복잡한 내용을 정리해, 정확한 질문으로 바꾸는 힘이다. 결국 '지금 내가 풀어야 할 문제는 무엇인가'를 아는 일이다. 많은 사람들이 코딩을 배워야 한다고 말한다. 물론 코딩도 중요하다. 하지만 실제로 더 중요한 건 무엇을 코딩할지, 왜 그걸 해야 하는지, 어떤 방향으로 접근할지를 판단하는 능력이다. 문제를 잘못 정의하면 코딩을 아무리 잘해도 결과는 엉뚱한 곳으로 간다.

문제는 기술 이전에 사고의 영역이다

문제 해결에서 중요한 건 거창한 사고력이 아니다. 아이가 문제를 보자마자 기술부터 떠올리기보다, 잠깐 멈춰 생각해보는 여유다. 물론 "이 문제의 본질은 뭐야?"라는 질문은 아이에게 버거울 수 있다. 그래서 초등 단계에서는 질문의 깊이보다 방향이 중요하다. "어디가 헷갈려?", "지금 막힌 게 뭐야?"처럼 말로 풀어보게 하는 것만으로도 생각은 충분히 정리되기 시작한다. 이건 어려운 사고 훈련이 아니라, 생각을 말로 꺼내보는 연습에 가깝다.

기술이나 코딩은 그다음이다. 무엇이 문제인지가 조금이라도 정리되면, 어떤 도구가 필요한지도 자연스럽게 보인다. 그래서 이 시기 아이들에게 필요한 건 정답을 빨리 찾는 힘보다, 문제 앞에서 잠깐 멈춰 생각해볼 수 있는 여유다.

문제 정의 능력이 사고력을 키운다

문제를 잘 정의하는 힘은 여러 사고력을 함께 키운다. 한 번 더 의심해보는 비판적 사고, 다른 길을 떠올리는 창의적 사고, 이 문제가 더 큰 흐름 속에서 어떤 의미를 갖는지 보는 시각이 모두 여기서 나온다. 이 힘이 있으면 해결 방법이 꼭 기술일 필요는 없다. 상황에 맞는 가장 의미 있는 선택을 할 수 있기 때문이다. 초등 시기부터 문제 앞에서 서두르지 않고 생각해보는 경험이 쌓일수록, 사고의 깊이도 함께 자란다.

🤖 초등교육에서 시작되는 문제 정의 연습

아이들에게 꼭 필요한 건 어려운 프로그래밍 문법이 아니라, 문제를 어떻게 바라볼지 생각해보는 연습이다. 예를 들어 친구와 다퉜을 때 "친구가 나쁜 말을 했어"로 끝낼 수도 있지만, 조금만 들여다보면 "내가 서운한 마음을 잘 말하지 못했어"가 진짜 문제일 수도 있다. 국어 시간에 글이 짧다는 지적도 마찬가지다. 문제는 분량이 아니라, 하고 싶은 말이 아직 정리되지 않았다는 데 있을 수 있다.

이렇게 문제의 겉모습 말고, 안쪽을 한 번 더 생각해보는 경험이 쌓이면서 문제를 정의하는 힘이 자란다. 스스로 질문할 줄 아는 아이는 쉽게 흔들리지 않고, 해결의 방향도 조금씩 찾아간다.

이미 AI가 코드를 대신 짜주는 시대다. 그래서 앞으로 더 중요한 건 기술을 얼마나 잘 다루느냐가 아니라, 무엇을 왜 해결해야 하는지를 스스로 생각할 수 있는 힘이다. 코딩이 중요하지 않다는 뜻은 아니다. 다만 분명한 건, 코딩은 도구이고 문제를 바라보는 사고력은 방향을 잡아주는 나침반이라는 점이다. 아이에게 가장 먼저 알려줘야 할 건 새로운 기술을 사용하는 방법이 아니라, 어떤 변화 앞에서도 자기 생각으로 판단할 수 있는 힘이다.

진로 교육은
언제부터 시작해야 하나?

"진로 교육은 언제부터 시작해야 하나요?"

부모님들로부터 자주 듣는 질문이다. 많은 분들이 진로 고민은 중학교나 고등학교쯤에 시작한다고 생각하지만, 사실 진로 교육은 훨씬 더 이른 시기에 '조용히' 시작될 수 있다.

진로란 어느 날 갑자기 직업을 고르는 문제가 아니다. 그보다 훨씬 근본적인 질문, "나는 어떤 사람인가?", "무엇을 좋아하고 어떤 상황에서 능력을 발휘하는가?"에 대한 탐색에서 출발한다. 아이들은 성장 과정 속에서 사소한 경험 하나하나를 통해 자신을 비추어 본다. 좋아하는 놀이, 반복하는 활동, 자꾸 손이 가는 과목과 관심사 같은 것들. 이 모든 것이 아이가 자신을 이해하는 첫 재료가 된다. 이런 재료들이 차곡차곡 쌓이면, 훗날 진로를 선택할 때 덜 흔들리고 더 주체적으로 결정할 수 있다.

실제로 성인이 되어 지금 하는 일에 만족하지 못하는 사람들은 '나에 대한 이해 없이 선택했다'라는 공통된 아쉬움을 털어놓는다. 그래서 진로 교육은 '가능하면 일찍', 그러나 '아이의 발달 단계에 맞게 자연스럽게' 시작하는 것이 중요하다. 이런 관점에서 보면, 2022 개정 교육과정의 진로 교육 체계가 초등학교 → 중학교 → 고등학교로 점진적 심화를 택한 이유가 분명해진다.

초등학교 시기에는 자기 이해와 흥미 탐색, 중학교에서는 직업 세계의 구조 이해와 진로 방향 찾기, 고등학교에서는 진학과 직업 선택으로 이어지도록 구성되어 있다. 결국 진로 교육은 단순한 선택이 아니라 '과정'이며, 그 과정은 생각보다 훨씬 이른 시점부터 출발해야 한다.

🤖 진로 교육 관점에서 바라본 AI 활용

지금 아이들이 살아갈 미래는 현재와는 전혀 다른 모습일 것이다. 이미 수많은 직업에 AI가 스며들었고, 앞으로는 더욱 많은 분야에서 인간과 AI가 함께 일하게 된다. 그렇다면 부모가 해야 할 중요한 역할은 단순히 AI를 '학습 도구'로 접근하는 데 그치지 않고, 아이 스스로 미래를 탐색하는 창구로써 AI를 경험하게 하는 것이다.

AI 활용 교육은 코딩이나 문제 풀이 이상의 의미를 가진다. 아이가 AI와 함께 탐구하고 창작하는 과정은 자연스럽게 자신의 흥미·강점·가치를 발견하게 해주며, 진로 교육과 깊게 맞닿아 있다.

미래 직업 세계를 미리 경험할 수 있다

의사, 디자이너, 교사, 엔지니어 등 어떤 직업이든 AI와 무관하지 않은 시대가 오고 있다. 이제 AI는 선택이 아닌 필수다. 아이들이 AI를 직접 활용해보는 경험은 "나는 어떤 분야에 더 흥미가 있지?", "내가 좋아하는 활동이 미래의 어떤 직업과 연결될 수 있을까?"를 고민해보는 계기를 만든다. 단순히 흥미를 찾는 것을 넘어, 그 흥미를 구체적인 직업의 모습과 연결해보는 경험이 된다.

문제 정의 능력과 해결력을 기를 수 있다

AI는 아이들이 스스로 문제를 정의하고 해결하는 힘을 키우는 데 도움을 준다. 예를 들어 환경문제에 관심 있는 아이가 AI 기술을 활용해 데이터를 수집하고 분석하며, 이를 바탕으로 환경 캠페인 아이디어를 만든다고 생각해보자. 이 과정에서 아이는 단순히 '공부'를 넘어서, 자신의 관심사를 행동으로 옮기는 힘을 기르게 된다. AI는 도구이고, 주체는 아이 자신이다.

창의성과 융합적 사고를 확장한다

그림을 좋아하는 아이는 AI와 협력해 새로운 작품을 만들 수 있다. 글쓰기를 즐기는 아이는 AI와 함께 책을 기획하고, 내용을 구성하며 하나의 이야기를 만들어갈 수 있다. 기술과 예술, 인문학이 어우러지는 이러한 경험은 아이가 자신의 강점과 흥미를 더 깊이 이해하고 발견하는 데 큰 도움을 준다. 창의성은 단지 '무에서 유를 창조하는 능력'이 아니라, 다양한 것을 연결하는 힘이라는 점에서 AI는 훌륭한 파트너가 될 수 있다.

디지털 윤리와 책임 의식을 함께 배운다

AI 활용 교육은 단순히 기술을 다루는 데서 그치지 않는다. 정보를 어떻게 다룰 것인가, 타인의 데이터를 어떻게 존중할 것인가, AI를 공정하게 사용하는 태도는 앞으로 점점 더 중요해질 것이다. 정보의 출처를 존중하고, 개인정보를 보호하며, 공정하게 기술을 사용하는 과정은 미래 사회에서 책임 있는 전문가로 성장하는 데 꼭 필요한 밑거름이 된다. 기술을 다룰수록 바른 사람이 되어야 한다.

새로운 직업 세계에 대비할 수 있다

앞으로는 AI를 가르치고 훈련하는 사람, 데이터를 관리하는 사람, AI 윤리를 다루는 전문가 등 지금은 낯선 직업들이 수없이 생겨날 것이다. 아이가 AI를 직접 경험하고, 기술을 어떻게 활용할 수 있는지 체험해보는 일은 그러한 미래 직업에 대한 감각을 키우는 중요한 출발점이다. 단순히 AI를 배우는 것이 아니라, AI가 바꿔놓을 세상을 미리 살아보는 경험이 되는 것이다.

AI는 '진로 교육의 든든한 징검다리'

AI 활용 교육은 단지 학업 성취를 높이기 위한 도구가 아니다. 아이들이 미래를 이해하고, 흥미와 강점을 발견하며, 책임 있는 사회 구성원으로 성장하기 위한 과정 전체가 바로 진로 교육이다. 그리고 AI는 이 과정을 더 넓고 깊고 풍부하게 만들어주는 강력한 조력자다. 부모가 이러한 관점으로 아이와 함께 AI를 경험한다면, 아이의 진로 탐색은 훨씬 더 빨리, 더 자연스럽고, 더 단단한 방향성을 갖게 될 것이다.

2022 개정 교육과정의 진로 교육 단계

2022 개정 교육과정에서의 진로 교육은 단순히 직업 정보를 전달하는 교육이 아니라, 학령 성장 단계에 따라 진로 발달 과제를 자연스럽게 경험하도록 돕는 것을 목표로 한다. 초등학교 → 중학교 → 고등학교로 이어질수록 학생의 진로는 '기초 형성 → 탐색 → 설계'의 단계적 구조로 발전하도록 설계되어 있다.

초등학교: 진로 기초 형성기

목표	자기 이해와 일의 세계에 대한 기초 개념 형성
핵심 내용	**자기 이해 중심**: 흥미, 강점, 성격, 가치관 등을 인식 **일의 세계 탐색**: 직업의 개념, 직업 종류, 직업과 사회의 관계 이해 **진로 태도 형성**: 협력, 책임감, 성실성, 예절 등 기본 생활 습관 형성 **창의적 체험활동 활용**: 진로 체험활동, 역할놀이, 직업 동화 읽기, 진로 그림일기 등
활동	'나의 장점 찾기', 직업 인형극·직업 동화 읽기, 역할놀이, 직업 체험 인터뷰, 진로 그림일기, 현장 직업 체험학습

중학교 : 진로 탐색기

목표	자기 이해 심화 및 직업 세계 탐색

핵심 내용
자유학년제 운영(1학년): 다양한 진로 체험과 탐색 중심 활동
자기주도 진로 설계: 진로 포트폴리오, 진로 심리 검사, 직업 가치관 탐색 등
교과 연계 진로 교육: 각 교과에서 직업과 연결된 주제 다루기
진로연계교육(3학년): 고등학교 선택 전 진로·학업 설계 활동

활동
진로 심리 검사 → 해석 상담, 직업인 멘토링·특강, 진로 탐색 보고서 작성, 동아리 활동, 진로 캠프·프로젝트 학습

고등학교 : 진로 설계기

목표
진로 목표 설정 및 구체적 학업·진학 설계

핵심 내용
진로 선택 과목 수강: 전공 및 진학과 연계된 과목 선택
학교 간 공동교육과정 및 온라인 강좌 활용
학업 역량 개발 + 진로 설계 병행
진로연계교육(3학년): 졸업 후 진로 설계를 위한 준비(포트폴리오, 자소서 작성 등)

활동
진로 탐구 보고서 작성, 학과 체험·진로 캠프, 진학 박람회 참여, 진로·진학 컨설팅, 포트폴리오·자소서 작성, 모의 면접

아이의 진로는 어느 한 시점에 갑자기 시작되는 일이 아니다. 초등학교, 중학교, 고등학교를 지나며 아이가 겪는 경험과 생각의 확장이 곧 진로 발달의 전 과정이다. 다시 말해 진로는 어느 날 정해지는 선택이 아니라, 성장과 함께 차곡차곡 쌓여가는 경험과 사고의 여정에 가깝다.

초등학교 시기는 이 여정의 출발점이다. 이때 아이는 '나는 어떤 사람일까?'라는 생각을 하며 자신을 자연스럽게 탐색한다. 무엇을 좋아하는지, 어떤 활동에 오래 몰입하는지, 어떤 순간에 자신감을 느끼는지를 통해 흥미와 강점, 성격과 가치관의 기초가 만들어진다. 자신을 알아가는 이 과정이 바로 진로의 첫 단추다.

중학교에 들어서면 질문의 방향이 조금 달라진다. '나는 무엇에 관심이 있고, 어떤 일을 한 번쯤 경험해보고 싶을까?'라는 물음이 중심이 된다. 다양한 활동과 체험을 통해 가능성을 넓히고, 여러 분야를 시도해보면서 관심의 윤곽을 잡아가는 시기다. 이 단계에서는 결과보다 경험 그 자체가 중요하다.

고등학교 시기에는 생각이 한층 더 구체화된다. '앞으로 무엇을 선택해야 할까, 그리고 그 선택을 위해 어떤 준비가 필요할까?'라는 고민하며 진로 목표와 실행 계획을 세워나간다. 전공과 진학을 염두에 두고 과목을 선택하고, 필요한 역량을 하나씩 준비하며 삶의 다음 단계를 현실적으로 준비한다.

그래서 진로 교육의 핵심은 아이에게 특정 직업 이름을 정해 주는 데 있지 않다. 자기 이해 → 경험 → 선택 → 설계로 이어지는 성장의 흐름을 도와주는 데 있다. 이는 2022 개정 교육과정이 지향하는 방향과도 맞닿아 있다. 아이가 지금 어느 단계에 서 있는지를 이해하고, 그 시기에 맞는 경험을 차분히 쌓아갈 때 진로는 부담이나 강요가 아니라 자연스러운 성장의 결과로 이어진다.

PART 2

우리 아이는 교실에서 어떤 AI로 배우고 있을까?

AI 수업,
학년별로 어떻게 다를까?

AI 디지털 교육은 단순히 기술을 익히는 시간이 아니다. 아이가 세상을 바라보고 생각하는 방식이 달라지는 순간을 만드는 수업이다. 그래서 같은 초등학생이라도, 아이가 놓여 있는 성장 단계에 따라 AI를 만나는 방식은 달라질 수밖에 없다. AI 수업에서 중요한 것은 무엇을 가르치느냐보다, 지금 이 아이가 어떤 상태에 있는지를 먼저 살피는 일이다.

1~2학년의 AI 수업은 설명보다 경험에서 출발한다. 이 시기의 아이들에게 AI는 이해해야 할 대상이 아니라, 먼저 만나보고 느껴보는 존재다. 이야기 속에서 AI의 역할을 맡아보거나, 목소리에 반응

하는 간단한 도구를 사용하면서 아이들은 '아, 이런 게 AI구나'라는 감각을 얻는다. 이때 중요한 것은 용어나 개념이 아니라, AI도 무언가에 반응하고 상호작용을 할 수 있다는 경험을 쌓는 일이다.

3~4학년이 되면 수업의 방향이 조금 달라진다. 아이들은 단순히 해보는 데서 멈추지 않고, 결과의 이유를 궁금해하기 시작한다. "왜 이렇게 나왔지?", "다르게 하면 결과가 달라질까?" 같은 질문이 자연스럽게 이어진다. 이 단계에서 AI는 놀이 도구를 넘어, 생각을 확장해보는 매개가 된다. 아이들은 활동 속에서 AI의 작동 방식과 한계를 조금씩 이해하며, 기술을 통해 사고하는 경험을 쌓는다.

5~6학년의 AI 수업은 문제 해결을 중심으로 전개된다. 이미 다양한 디지털 환경에 익숙한 아이들은 AI를 직접 활용해 과제를 해결하고, 선택의 결과를 고민한다. 간단한 챗봇을 만들어보며 "이 질문은 왜 대답하지 않게 해야 할까?", "이 판단을 AI에게 맡겨도 괜찮을까?"를 스스로 묻기 시작한다. 이 과정에서 아이들은 기술의 편리함뿐 아니라, 책임과 윤리에 대해서도 생각하게 된다. AI를 사용하는 단계를 넘어, 기술과 함께 살아가는 태도를 배우는 수업으로 자연스럽게 이어지는 지점이다.

🤖 AI 교육이 향하는 공통된 방향

수업 방식은 학년별로 다르지만, 모든 AI 교육은 결국 세 가지 역량을 길러주는 방향으로 설계된다.

AI 리터러시 – AI가 어떻게 만들어지고 작동하는지 이해하는 힘

AI 활용 능력 – 교과나 실생활에서 AI를 도구로 사용할 수 있는 힘

AI 윤리 의식 – 기술이 옳게 쓰이고 있는지를 판단할 수 있는 태도

이런 능력들은 따로 떼어 가르치는 과목이 아니다. 수업을 하다 보면 자연스럽게 함께 엮인다. 예를 들어 5~6학년 챗봇 수업에서 아이가 "이 질문은 안 넣는 게 낫겠다"라고 말하는 순간이 있다. 그때 아이는 이미 옳고 그름을 한 번 생각해본 셈이다. 결국 한 시간짜리 AI 수업 안에서 아이들은 생각하고, 판단하고, 책임지는 연습을 동시에 하게 된다.

AI 교육의 본질은 기술이 아닌 사고

AI 교육의 핵심은 기술을 익히는 데 있지 않다. 아이가 생각하고 판단하는 방식이 어떻게 자라나는지에 있다. 그래서 지금 교실의 변화를 살펴보는 일은, 아이가 앞으로 어떤 방식으로 배우고 살아가게 될지를 미리 들여다보는 일과도 같다. 아이들은 AI를 배우고 있는 것이 아니라, AI가 있는 시대에서 배우는 법을 익히고 있다. 이어지는 글에서는 학년별 수업 사례를 통해 아이들이 AI를 어떻게 만나고 있는지 간단히 살펴보려 한다.

초등학교 1~2학년:
놀이로 AI와 친해지기

초등학교 1~2학년(저학년) 아이들에게 AI 수업은 '배운다'기보다 놀면서 조금씩 익숙해지는 단계에 가깝다. 이 시기의 아이들에게는 AI 기술보다 태블릿 같은 디지털 기기를 다루는 일 자체가 더 어렵게 느껴진다. 실제 수업에서도 내용을 시작하기 전에 로그인이나 화면 전환에서 막히는 경우가 적지 않다. 같은 질문을 반복하고, 앱을 여는 데에도 충분한 시간이 필요하다.

그래서 학교에서는 AI 활동을 바로 시작하기보다, 약 2주 정도의 적응 기간을 둔다. 이 기간 동안 아이들은 태블릿을 켜고, 화면을 넘기고, 입력하고, 기다리는 법을 차근차근 익힌다. 어른 눈에는 기본적인 과정처럼 보이지만, 저학년 아이들에게는 이 모든 경험이 곧 학습이다. 디지털 환경에 익숙해지는 경험을 충분히 쌓아주는 것이 가장 중요하고, 그 위에서야 AI도 자연스럽게 받아들일 수 있다.

우리 아이는 AI를 어떻게 이해할까?

이미 생활 속에서 AI를 접해본 아이들은 AI를 어렵게 생각하지 않는다. 실제 교실에서 나온 대화들을 정리하면 다음과 같다.

교 사 AI는 스스로 생각하는 똑똑한 기계예요. 생활 속에서 혹시 AI를 써본 적 있어요?

학생 1 스마트폰에서 '시리'나 '빅스비'에게 궁금한 걸 물어보면 질문에 대답해주는 거요!

학생 2 유튜브가 내가 좋아할 만한 영상을 딱 알아서 추천해주는 게 신기해요!

교 사 AI가 우리 생활을 어떻게 편리하게 해주고 있을까요?

학생 3 내가 잘 가르쳐주면 나를 대신해서 귀찮은 일도 해주고 어려운 일을 도와줘요.

교 사 AI를 사용할 때 어려운 점은 없나요?

학생 4 어떨 때는 내가 생각한 거랑 다르게 행동해서 바보 같아 보여요.

학생 5 어떤 것이 진짜인지 모르겠어요. 너무 똑같아요.

🤖 어떤 얼굴이 진짜일까?

이 활동은 저학년 아이들에게 특히 흥미를 끄는 놀이다. 아이들 앞에 두 장의 얼굴 사진을 보여주고, 하나는 실제 사람의 사진이고 다른 하나는 AI가 만든 이미지라고 알려준다. 그리고 어느 쪽이 진짜 사람인지 맞혀보게 한다. 이 놀이를 해보면 아이들은 보통 절반은 맞고 절반은 틀린다.

그림 2-1에 제시된 것처럼, 왼쪽은 실제 아이의 얼굴이고 오른쪽은 AI가 생성한 얼굴이지만, 표정과 피부 질감, 머리카락 표현까지 매우 자연스러워 아이들이 구분하기가 쉽지 않다. 그만큼 AI가 만들어내는 이미지가 실제와 거의 구별되지 않을 정도로 정교해졌다는 뜻이다.

이처럼 단순한 맞히기 활동만으로도 아이들은 'AI가 우리 삶에

[그림 2-1] 어떤 얼굴이 진짜일까?

어떤 영향을 미칠 수 있는가'라는 질문을 자연스럽게 떠올리게 된다. 특별한 설명 없이도, AI를 직접 체감하며 생각해보는 체험형 수업이 가능해지는 것이다.

또한 아이들과 AI가 무엇인지, 일상에서는 어떻게 사용되는지에 대해 이야기를 나누며 아이들의 흥미를 유도할 수 있다. 단순한 설명이 아니라 AI와 함께 살아가는 세상에서 어떤 태도와 생각이 필요할지 스스로 고민해보는 시간이 되어야 한다.

> **TIP 아이와 함께 볼 만한 'AI 감각' 애니메이션 3선**
>
> AI를 공부한다고 해서 꼭 어려울 필요는 없다. 아이와 함께 영화를 보며 "AI는 어떤 존재일까?", "기계도 감정을 가질 수 있을까?" 같은 질문을 자연스럽게 나누는 활동도 이미 여러 학교에서 활용되고 있다. 아래 세 편은 AI에 대한 상상력과 감정 교육까지 함께 담고 있어, '관계를 통해 AI를 만나는 방식'으로 점점 주목받는 작품들이다.
>
> **✳ 와일드 로봇**
> 자연 속에 홀로 남겨진 AI가 '살아가는 법'과 '관계'를 배우는 성장 이야기.
> **✳ 고장난 론**
> 오류투성이 AI 친구가 완벽함보다 '진짜 우정'을 알려주는 따뜻한 이야기.
> **✳ 넥스트 젠**
> 외로운 소녀와 실험형 AI가 서로를 통해 '감정과 가족'을 배워가는 이야기.

교　사　(애니메이션의 한 장면을 보여주며) AI의 편리한 점과 주의해야 할
　　　　점을 함께 생각해볼까요?

학　생　고장 나거나 내가 생각한 것과 다르게 행동하면, 나쁘게 쓰여서
　　　　사람에게 안 좋을 수도 있어요.

초등학교 저학년 시기는 스마트 기기와 AI를 '공부'하기보다 '관계를 맺어보는 시기'다. 디지털 기기와 친숙해지고, AI를 어떻게 바라보고 사용해야 할지를 놀이를 통해 체험하는 방식이 점점 현장에서 활용되고 있다. AI 디지털 프로그램에 익숙해지기 위해서는 쉽고 재미있는 체험이 효과적이다. 실제 수업에서도 간단한 게임이나 체험 활동으로 '우리 삶 속에 들어온 AI'를 만나는 방식이 널리 시도되고 있다. 감정 인식, 패턴 찾기처럼 AI의 원리를 직관적으로 이해할 수 있는 활동도 좋고, 다음과 같은 놀이 중심 프로그램도 저학년생에게 잘 활용되고 있다.

AI가 만든 그림책 읽어보기

'구글 제미나이 스토리북'처럼 AI가 만들어 준 그림책을 함께 읽어보는 활동도 현장에서 빠르게 확산되고 있다. 초등 저학년 단계에서는 아이가 직접 명령어를 입력하기보다는, 교사가 아이들의 아이디어를 받아 대신 그림책을 만들고, 완성된 결과물을 함께 읽는 방식이 적절하게 이루어지고 있다.

아이들은 'AI가 만든 책을 내가 읽고 있다'라는 경험을 통해 단순한

[그림 2-2] 구글 제미나이 스토리북

감탄을 넘어 'AI는 나와 함께 무언가를 만든다'라는 감각을 갖기 시작한다. 이것이 바로 교실 속 AI 수업이 지향하는 '생활 속에서 AI를 경험하고 향유하는 첫걸음'으로 이어지고 있다.

초등학교 3~4학년:
AI의 원리를 알고 활용하기

초등학교 3~4학년은 기초적인 AI의 개념을 소개하고, AI가 어떻게 지식을 학습하며 생각을 키워나가는지 그 원리를 이해하는 단계로 넘어간다. 실제로 학교에서는 AI가 단순한 자동기계가 아니라, 학습한 내용을 바탕으로 계속 변화할 수 있는 존재라는 점을 알 수 있도록 수업이 진행되고 있다.

AI가 정확히 어떤 존재인지, 어떤 특성을 가지고 있는지를 즐거운 놀이 방식으로 탐색해보는 수업이 점차 많아지고 있다. 겉으로는 놀이처럼 보이지만, 그 안에는 AI의 학습 방식·패턴 인식·판단 과정을 자연스럽게 체험하도록 설계된 활동들이 포함되어 있다. 즉, 이 시기부터는 AI를 '가르친다'기보다 AI의 원리를 몸으로 이해해보는 수업 방식이 실제 학교 현장에서 운영되고 있다.

🤖 구글 퀵드로우(Quick, Draw!)

AI가 사물을 어떻게 인식하는지를 게임처럼 체험해볼 수 있는 학습 툴이다. 20초 동안 그림을 그리면 AI가 그 그림을 보고 무엇인지

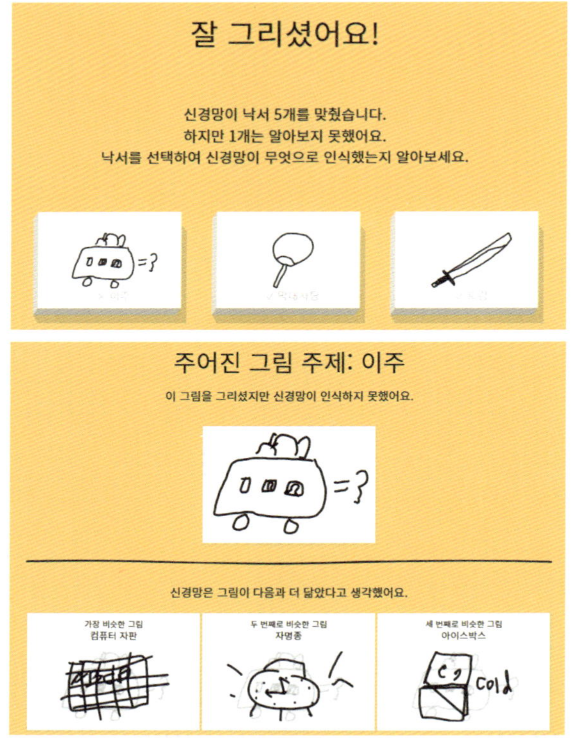

[그림 2-3] 구글 퀵드로우

맞히는 방식으로 진행된다. 수업에서는 이 활동을 먼저 경험하게 한 뒤, AI가 그림을 정확히 맞히는 모습을 보여주며 다음과 같은 질문을 던진다. "AI는 왜 이 그림을 보고 무엇인지 알 수 있었을까요?" 이 질문을 통해 AI가 수많은 그림 데이터를 학습해 패턴을 인식한다는 원리, 즉 데이터 학습의 개념을 자연스럽게 알려줄 수 있다. 놀이처럼 보이지만 실제로는 AI의 인식과 학습 과정을 이해하는 중요한 기반 활동이 된다.

오토드로우(AutoDraw)

내가 대략적으로 그린 그림을 AI가 자동으로 인식해 여러 개의 샘플 이미지를 제안해주는 사이트다. 아이들은 제시된 그림 중 자신

[그림 2-4] 오토드로우

이 의도했던 이미지나 마음에 드는 그림을 선택하면서, AI가 '의도를 인식하고 제안한다'라는 과정을 자연스럽게 경험하게 된다.

🤖 코드닷오알지(Code.org)

'바다환경을 위한 AI AI for ocean'는 AI의 머신러닝 학습 원리를 아이들이 구체적으로 이해할 수 있도록 구성된 활동이다. 코드닷오알지에서 제공하는 이 프로그램을 통해 아이들은 AI가 어떻게 학습하는지를 직관적으로 체험할 수 있다.

아이들은 물고기와 물고기가 아닌 것을 직접 구별해 데이터를 입력하고, 그 데이터를 바탕으로 AI가 스스로 학습한 뒤 해양 환경을 지키는 역할을 수행하는 설정이다. 겉으로는 간단한 게임처럼 보이지만, 아이들이 'AI는 데이터를 통해 성장한다'라는 사실을 자연스럽게 이해하도록 돕는 학습 도구다.

체험이 끝난 뒤에는 소감이나 생각을 글·말·그림 등 다양한 방식으로 표현하게 한다. 이를 통해 AI 작동 원리와 AI 활용을 위해 필요한 것이 무엇인지를 스스로 정리하는 시간을 갖게 된다.

교 사 코드 게임을 하고 난 뒤, 제공하는 데이터와 AI에 대해 내가 알게 된 내용을 한 문장으로 정리해볼까요?

학생1 데이터는 AI의 밥이다. 왜냐하면 AI는 데이터를 먹고 자라기 때문이다.

　밥처럼 영양이 좋은 음식을 먹어야 잘 자라듯이 AI에게 좋은 데이
터를 주어야 AI도 착하게 잘 자란다.

최근에는 AI디지털 교육자료, AI 펭톡과 같은 프로그램을 활용
하여 학생 개별 학습 상태를 진단하고 맞춤형 콘텐츠를 추천하는
방식의 수업이 실제 교실에서 이루어지고 있다. 이렇게 AI와 상호작
용을 하며 공부한 내용은 학습 결과로 기록되고, 다음 학습을 설계

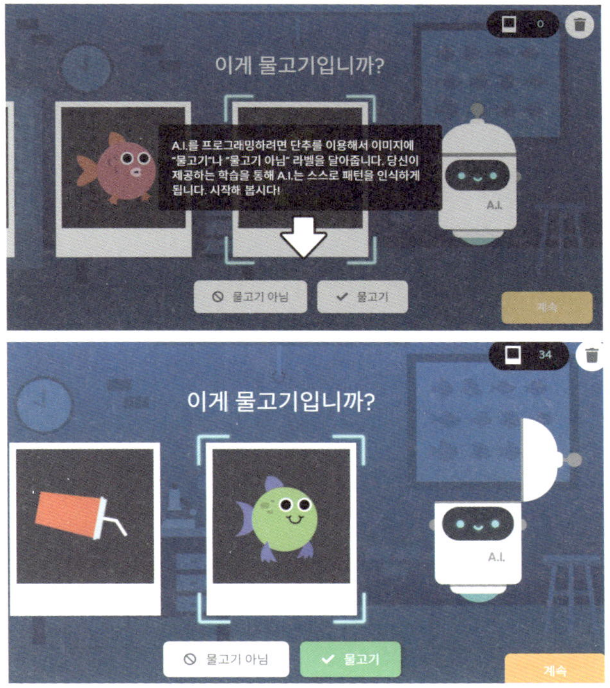

[그림 2-5] 코드닷오알지

하는 기초 자료로 활용된다. 학습이 끝난 뒤에는 보상 활동으로 관련 게임이나 체험 활동을 제공해 학생의 흥미를 끌고, 학습 참여를 유도하는 방식도 널리 사용되고 있다. 이러한 프로그램은 단순한 학습 도구가 아니라, 학생의 학습 경험 전체를 설계하는 장치로 의미 있는 역할을 하고 있다.

3~4학년 단계에서는 AI를 잘 사용하는 것만큼이나 AI와 함께 '올바르게 살아가는 방법'을 배우는 것도 중요하다. 그래서 실제 수업에서는 구체적인 상황을 제시하고 '이럴 때 나는 어떤 행동을 해야 할까?'라는 질문을 던지며 가치판단과 책임 있는 태도를 스스로 고민하도록 유도하는 AI 디지털 윤리교육이 함께 이루어지고 있다.

🤖 인터랜드

인터랜드는 게임을 즐기면서 온라인에서 지켜야 할 디지털 예절과 안전한 행동 기준을 자연스럽게 익힐 수 있는 교육용 사이트다. 단순 놀이가 아니라, 디지털 시민으로서 어떤 태도를 가져야 하는지를 체험을 통해 학습하게 한다. 게임 속에서는 다음과 같은 행동을 직접 실행하며 배운다.

선플 달기 & 긍정적 소통하기

'좋아요' 또는 '최고야' 버튼 눌러주기

사이버 폭력을 발견했을 때 신고하기

개인정보를 지키면서 정보 공유하기

위험한 메시지와 안전한 메시지 구별하기

이처럼 인터랜드는 3~4학년 학생들이 실제 상황에서 어떤 판단을 해야 하는지를 '훈련'하는 장치다. 아이들은 게임을 하며 자연스럽게 느끼게 된다.

[그림 2-6] 인터랜드 게임 화면

🤖 오드원아웃(ODD ONE OUT)

오드원아웃은 구글 아트&컬쳐에서 제공하는 AI 이미지 구별 게임이다. 제한된 시간 안에 네 개의 그림 중 AI가 만든 가짜 이미지를 찾아내는 방식으로 진행된다. 처음에는 가벼운 게임처럼 보이지만, 막상 해보면 아이들이 쉽게 찾지 못해 당황하고 몰입하게 된다. 그만큼 AI가 만든 그림이 실제와 거의 구별되지 않을 정도로 정교하기 때문이다. 이 활동은 아이들에게 '디지털 속 정보가 모두 진짜는 아니다', 'AI 시대에는 정보를 그대로 믿기보다 의심하고 확인하는 태도가 필요하다'라는 중요한 메시지를 남긴다.

즉, 단순한 게임이 아니라 비판적 사고를 키우는 활동으로 연결된다. AI를 잘 활용하는 능력뿐 아니라, AI를 의심하고 확인할 줄 아는 능력까지 함께 길러주는 것이 이 게임의 교육적 가치다.

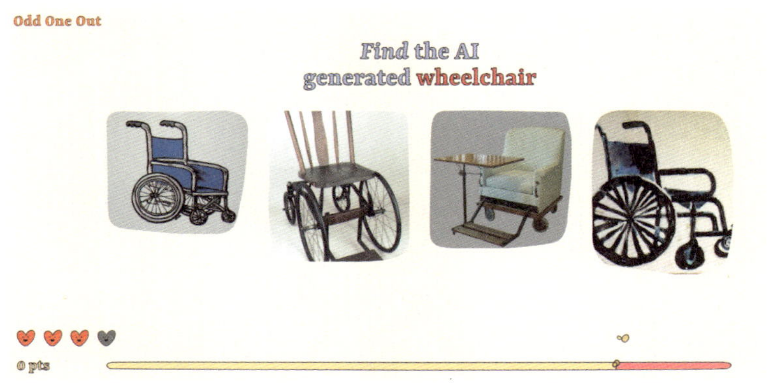

[그림 2-7] 오드원아웃

초등학교 5~6학년이 되면 AI에 대한 이해 수준도 한층 높아진다. 이 시기는 단순한 체험을 넘어서 머신러닝과 알고리즘 같은 기본 개념을 소개하고, 실제 사례를 통해 AI가 어떤 방식으로 학습하고 판단하는지를 이해하도록 이끄는 단계다. 간단한 AI 모델을 만들어 보거나 데이터를 활용한 프로젝트를 수행하면서 실습 중심의 코딩 학습도 진행할 수 있다. 이러한 활동은 'AI도 인간처럼 학습해야 성장한다'라는 시스템적 관점을 이해하도록 돕는다.

AI를 어떻게 활용할지 고민하는 활동과 함께, '무엇을 만들 수 있을까?'를 상상하며 창의성을 확장하는 시간도 필요하다. 동시에 AI

의 한계를 인지하고 결과를 그대로 받아들이기보다, 왜 이런 판단이 나왔는지 되묻는 비판적 태도 역시 길러야 한다. 마지막으로 AI의 윤리적 문제를 토론하며 책임 있는 사용법을 함께 고민하는 과정까지 포함되어야, 고학년의 AI 수업은 기술 중심을 넘어 생각하는 힘을 키우는 교육이 된다.

소프트웨어야놀자

5~6학년 수업에서는 네이버가 운영하는 '소프트웨어야놀자' 사이트도 많이 활용된다. 이곳에는 인공지능, 머신러닝, 딥러닝, 빅데이터 등 AI 관련 핵심 개념을 아이들이 쉽게 이해할 수 있도록 구성한 영상과 실습 자료가 모여 있다. 특히 엔트리 기반의 학습 방식은 아

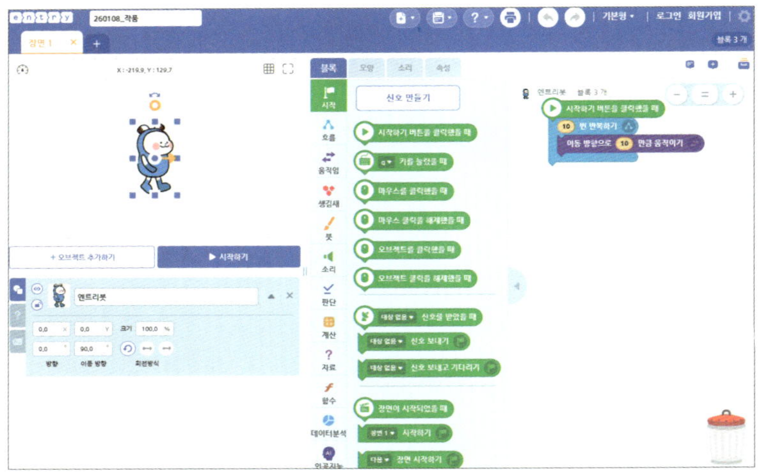

[그림 2-8] 소프트웨어야놀자 엔트리 기반 AI 개념 학습 화면

이들이 코딩을 직관적으로 경험하며 AI가 어떤 방식으로 작동하는지 직접 확인할 수 있다는 점에서 교육적 가치가 높다. 단순한 '코딩 교육'이 아니라 AI의 사고 과정을 눈으로 확인하는 체험형 학습이기에 초등 5~6학년에게 적절한 도구라고 할 수 있다.

이 단계에서는 무엇보다 팩트체크 능력을 기르는 것이 핵심이다. 고학년은 AI의 결과를 그대로 받아들이기보다 "정말 맞는 정보일까?"라고 되묻는 시각을 가질 수 있는 시기다. 실제 수업에서는 챗GPT의 할루시네이션(사실이 아닌 내용을 사실처럼 만들어내는 현상) 사례를 통해, AI가 명백히 틀린 정보를 제시할 수 있음을 분석한다. 이 과정에서 AI의 답을 곧이곧대로 믿는 태도가 얼마나 위험할 수 있는지 깨닫게 된다. 출처를 확인하고, 근거를 비교하며, 다양한 자료를 찾아 검증하는 과정 자체가 중요한 학습 내용이 된다.

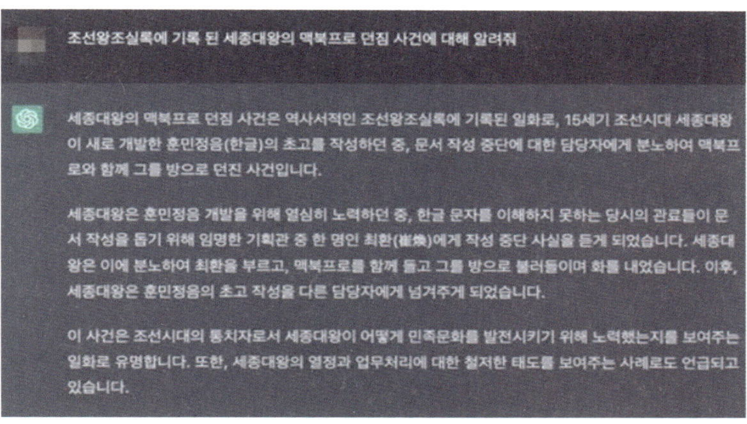

[그림 2-9] 챗GPT의 할루시네이션 현상 예시(세종대왕의 맥북 프로 던짐 사건)

🤖 팩트체크 사실 혹은 거짓

고학년 수업에서는 '팩트체크: 사실 혹은 거짓' 같은 온라인 체험 프로그램을 활용하기도 한다. 학생들은 뉴스나 SNS 게시물 속 이미지와 문장을 분석하며, 믿을 만한 근거가 있는 정보인지, 왜곡되었거나 조작된 정보는 아닌지를 직접 판단해본다. 정보를 '분류'하고 '판단'하는 경험을 통해, AI 시대에 필요한 정보 판단력과 비판적 사고를 기르게 된다. 단순히 지식이 맞는지 틀렸는지를 넘어, '왜 그렇게 판단했는가'를 설명하도록 유도하는 수업이 이루어진다.

또한 AI에게 질문을 잘하는 능력도 중요한 학습 요소로 다뤄진다. 원하는 결과에 도달하기 위해 어떤 질문을 해야 하는지 고민하며, 아이들은 AI를 단순히 사용하는 소비자가 아니라 결과를 설계하고 만들어내는 창조자의 역할로 한 걸음 더 나아가게 된다.

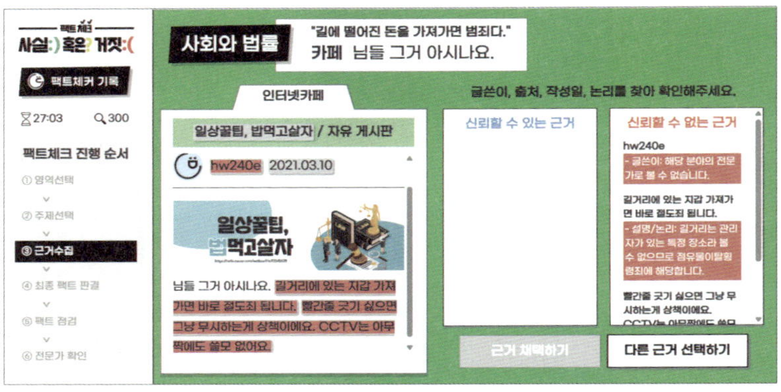

[그림 2-10] 팩트체크 사실 혹은 거짓

AI 프롬프트 어드벤쳐

AI에게 질문할 때 어떤 방식으로 질문하느냐에 따라 답의 질이 달라진다는 사실을 알려주는 교육도 필요하다. 'AI 프롬프트 어드벤처'는 이러한 학습에 활용할 수 있는 유용한 사이트로, 생성형 AI에게 질문을 다듬어가며 시도해보는 과정 자체가 하나의 학습이 된다. 아이들은 질문이 구체적이고 명확해질수록 더 좋은 결과물이 나온다는 원리를 직접 체험하게 된다.

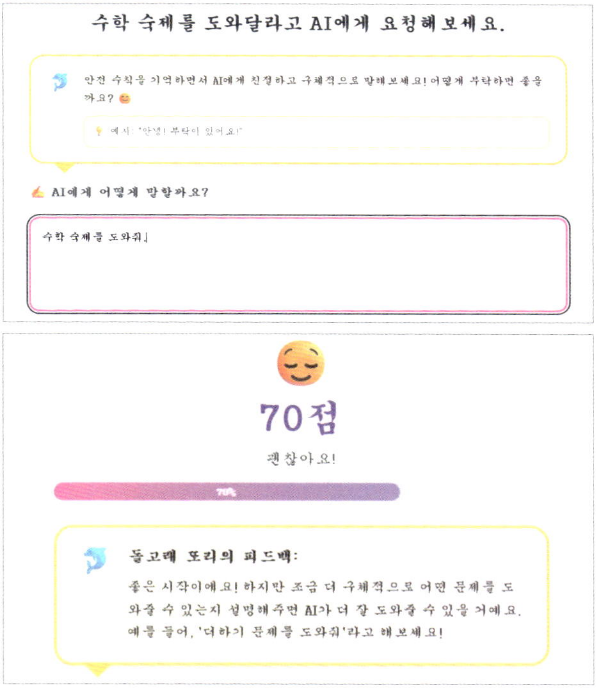

[그림 2-11] AI 프롬프트 어드벤처

5~6학년 단계에 이르면 디지털 윤리 교육의 내용도 자연스럽게 한층 깊어진다. AI의 편향성, 딥페이크 문제, 개인정보 보호, 저작권과 같은 주제는 단순한 정보 전달에 머무르지 않고, 무엇을 기준으로 판단해야 하는지를 스스로 생각해 보게 한다. 예를 들어 AI에게 "선생님을 그려줘"라고 하면 여성 교사의 이미지를, "소방관을 그려줘"라고 하면 남성 소방관의 이미지를 보여주는 경우가 많다. 이런 사례를 통해 아이들은 AI가 학습한 데이터 속에 이미 사회적 편견이 담겨 있다는 사실을 이해하게 된다. 그 과정에서 기술의 편리함뿐만 아니라, 그에 따르는 윤리적 책임에 대해서도 함께 고민하는 시각을 키워나가게 된다.

[그림 2-12] AI의 성적 편향성 문제

교사가 활용하는
AI 수업 도구

교사들은 요즘 수업 시간에 다양한 AI 에듀테크 프로그램을 적극적으로 활용하고 있다. 이런 도구의 가장 큰 특징은, 학생마다 다른 학습 수준과 성향에 맞춰 맞춤형 지도가 가능하다는 점이다. 교사는 이 과정에서 학생의 학습 데이터를 직접 확인하고, AI가 제안하는 학습 경로를 참고해 아이에게 필요한 방향으로 수업을 조정한다. 이 글에서는 교사들이 실제 수업에서 어떤 AI 도구를 어떻게 활용하고 있는지 간략하게 소개하려 한다. 각 도구의 기능과 장점은 물론, 아이들과 함께 사용할 때 교사들이 유의하는 점도 함께 살펴보려 한다.

똑똑! 수학탐험대(맞춤형 수학 학습 AI)

똑똑! 수학탐험대는 교육부가 개발한 초등 수학 수업 지원용 AI 도구다. 학생 개개인의 학습 수준을 분석해 맞춤형 콘텐츠를 추천하고, 부족한 부분을 스스로 보완할 수 있도록 안내한다.

[그림 2-13]똑똑 수학탐험대 메인 화면

[그림 2-14] 자유 활동 중 게임 활동

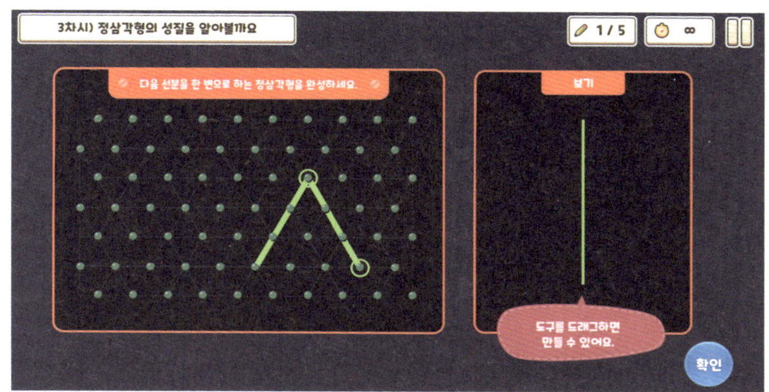

[그림 2-15] 교과 활동 중 지오보드 교구 활용 수업

교과 활동뿐만 아니라 탐험 활동, AI 추천 활동 등 다양한 방식의 학습이 가능하다. 특히 탐험 활동에서는 학습 미션을 수행하며 멸종 위기 동물 카드를 모으는 등 게임 요소를 더해 아이들의 흥미와 집중력을 높인다.

학교 수업과 연계된 내용으로 구성돼 학습 효과가 높고, 수 막대, 레켄렉, 분수 모형, 칠교판, 지오보드, 쌓기나무, 컴퍼스, 각도기, 전개도, 그래프 등 다양한 교구를 활용해 수학 개념을 눈으로 보고 익힐 수 있다. 이런 방식은 아이들의 탐구력과 이해력을 함께 키우는 데 효과적이다.

AI 펭톡(맞춤형 영어 학습 AI)

AI 펭톡은 초등학생이 영어 말하기를 연습할 수 있도록 설계된 AI

[그림 2-16] AI 펭톡

기반 학습 도구다. 영어 회화 실력을 키우는 데 중점을 두고, 실제 사람과 대화하듯 자연스러운 연습이 가능하다. 학생이 직접 말한 영어를 녹음해 문법 오류나 발음을 실시간으로 피드백한다. 학교 영어 시간에 배운 표현은 물론, 일상생활·학교·여행 등 다양한 상황을 설정해 그에 맞는 대화를 연습할 수 있다. 표현과 어휘를 자연스럽게 익히는 데 효과적이다.

AI는 학생의 실력과 진도에 맞춰 맞춤형 학습 경로를 제안한다. 자주 틀리는 표현이나 부족한 부분은 집중적으로 연습할 수 있도록 돕는다. 초등학생 전용으로 개발된 만큼, 부적절한 콘텐츠는 철저히 차단된다. 필터링 기능이 강력해 교실에서 활용하기에 안전하고 유용하다.

    AI와 친한 아이가 살아남습니다

초등학생의 영어 읽기 능력 향상을 핵심 목표로 삼아, 자연스럽게 영어 말하기까지 이어지도록 학습 과정을 설계하였다. 학습은 단어 퀴즈 → 듣기 → 읽기 → AI 발음 분석 → 마무리 퀴즈의 단계로 구성되어 있으며, 어휘 이해부터 발음과 표현까지 균형 있게 다루는 종합적인 영어 학습을 제공한다. 특히 이 프로그램은 AI 발음 분석과 'Read to Speak' 방식으로 말하기 능력과 사고력, 창의력을 동시에 향상시키는 장점이 있다. 또한 영어 원서 기반 콘텐츠로 글로벌 출판사의 원서를 기반으로 한 수준 높은 자료를 제공한다.

미리캔버스, 캔바(교육용 이미지 생성 AI)

디자인 작업을 지원하는 플랫폼으로 최근에는 AI 기능을 도입해 이미지를 손쉽게 만들 수 있도록 지원한다. 수업에서 주로 활용하는

[그림 2-17] 캔바를 활용하여 자신만의 라면 브랜드 만들기

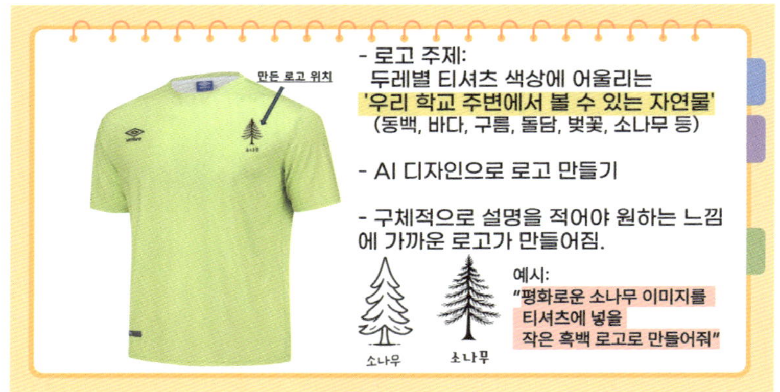

[그림 2-18] AI로 직접 만든 로고

기능은 AI 드로잉, AI 로고 만들기, AI 프레젠테이션이다. AI 드로잉은 사용자가 입력한 텍스트를 기반으로 이미지를 생성하는 기능이다. 이때 텍스트 명령을 잘해야 원하는 이미지 디자인을 얻을 수 있다는 점을 아이들이 깨닫고 AI에게 어떻게 질문할 것인지 고민하게 하는 것이 주된 목표다.

AI 로고 만들기 활동에서는 아이들이 원하는 이미지를 떠올리고, 이를 표현하기 위해 AI에게 어떤 지시를 해야 하는지 고민해본다. 그림 2-18은 학생이 직접 조건을 설정해 AI로 로고를 만든 사례로, 아이들도 충분히 창작 활동에 참여할 수 있음을 보여준다.

또한 AI 프레젠테이션은 발표 내용을 요약해 입력하면 자료를 만들어주어, 발표 수업 준비에 효과적으로 활용할 수 있다.

자작자작(교육용 글쓰기 및 책 제작 AI)

자작자작은 한국의 교육 현장에서 사용하는 AI 기반 글쓰기 교육 플랫폼이다. 학생들의 글쓰기 능력을 키우고, 교사들이 보다 효과적으로 피드백할 수 있도록 돕는다. 학년별 글감을 추천해 체계적인 연습이 가능하고, AI 작성 가이드를 통해 글의 구조와 표현 방법을 쉽게 익힐 수 있다. 또한 AI 피드백 기능을 활용하면 문법, 맞춤법, 표현 등을 분석해 개선점을 제시한다.

교사는 AI가 제공한 피드백을 참고해 학생들에게 더 구체적이고 효과적인 피드백을 줄 수 있다. 단, AI의 의견을 그대로 전달하기보다는 그 내용이 타당한지 교사가 먼저 검토해야 한다. 글쓰기 템플릿을 활용하다 보면, AI의 답변이 늘 정확한 것은 아니라는 사실을

구조의 논리성

의도한 내용을 담아 내기에 적절한 글의 구조를 갖고 있는지, 문단 내부 구조가 논리전개에 적합한지 평가합니다.　　점수　　50-60　　점

평가 설명	수정 제안
민지 학생은 자기소개로 글을 시작하고, 이어서 마을의 문제점과 자신의 의견을 이야기했어요. 하지만 모든 내용을 하나의 긴 문장처럼 이어서 써서 읽는 사람이 조금 숨 가쁘게 느껴질 수 있어요. 글을 쓸 때는 시작하는 부분, 중간에 이유를 설명하는 부분, 그리고 마지막	1) 글을 쓸 때, 비슷한 내용끼리 묶어서 문단을 나누어 보세요. 2) 예를 들어, '안녕하세요 저는 제주 대정읍 에 사는 4학년 김민지 입니다.' 하고 한 문단을 만들고, 3) 다음 문단에는 '우리 마을 시도

[그림 2-19] 자작자작 피드백 예시

자연스럽게 체득하게 된다. 예를 들어 자작자작 플랫폼의 맞춤법 검사 기능을 사용할 때, AI가 틀리고 학생이 맞는 경우도 적지 않다. 이런 경험을 통해 학생은 도구에만 의존하지 않고, 스스로 맞춤법과 문법을 익혀야 한다는 점을 깨닫게 된다. 이런 수업 방식은 AI를 맹신하지 않으면서도, 필요한 만큼 도구로 활용하는 태도를 기르는 데 도움이 된다. 동시에 학생들의 맞춤법 실력도 향상된다.

또 다른 장점은, 학생들이 쓴 글을 전자책PDF 형태로 발행할 수 있다는 점이다. PDF 파일을 인쇄해 제본하면 실제 종이책으로 만들 수도 있다. 이 과정을 통해 학생들은 글쓰기에 대한 성취감을 느끼고, 흥미도 높일 수 있다.

[그림 2-20] 자작자작을 이용해 학생들이 직접 만든 책

생성형 AI인 뤼튼은 보호자의 동의가 있으면 전 연령대에서 사용할 수 있어, 초등학생 수업에도 활용할 수 있다. 다른 AI들보다 접근성이 넓은 편이며, 현재 여러 기업이 교육용 버전을 따로 개발 중이다. 앞으로 교실에서 AI를 활용한 수업은 점차 늘어날 것으로 보인다.

AI의 가장 큰 장점은 아이들 눈높이에 맞춰 설명해준다는 것이다. 예를 들어 문화재와 같은 주제를 조사할 때 인터넷 자료는 문장이 어렵고 복잡해 아이들이 이해하기 힘든 경우가 많다. 하지만 AI에게 "초등학생이 이해할 수 있게 설명해줘"라고 요청하면, 내용을 쉽게 바꿔서 정리해준다. 이처럼 AI는 정보의 양보다 이해하기 쉬운 방식으로 설명하는 데 강점을 가진다.

수업에서는 AI가 제시한 자료를 그대로 사용하는 것이 아니라, 정보의 출처를 함께 살펴보는 과정이 중요하다. 예를 들어 국가유산에 대한 정보는 국가유산청에서 제공한 자료가 신뢰도가 높다. 반대로 출처가 블로그처럼 개인적인 경우에는 교사와 함께 그 내용을 검토하며 자료를 판단하는 기준을 익힌다.

이 과정을 반복하다 보면, 아이들은 자연스럽게 정보를 비판적으로 수용하는 힘을 갖게 된다.

물론 AI가 항상 맞는 말을 하는 것은 아니다. 사실과 다른 내용을 진짜처럼 말하는 할루시네이션 현상도 나타날 수 있다. 그런데

이 역시 교육적인 기회가 된다. 아이들과 함께 AI의 답을 교과서나 사전을 통해 검토해보면, 단순한 정보 확인을 넘어 사실과 주장, 진짜와 가짜를 구분하는 방법을 배우게 된다.

AI는 미술 감상 수업에서도 유용하다. 작품 해설이 어려울 때, 아이들 눈높이에 맞춰 설명해주고, 궁금한 점은 바로 물어볼 수 있다. 아이들은 AI와의 상호작용을 통해 생각을 확장하고 감상의 깊이를 더하는 경험을 하게 된다.

TIP 일반 생성형 AI 활용 수업 시 지도상의 유의점

뤼튼과 같은 일반용 생성형 AI는 교육용 버전이 아니므로 사용 방법을 좀 더 세심히 가르쳐야 한다.

* 아이들이 자신의 개인정보를 입력하지 않도록 한다. 간단히 "나는 초등학교 ○학년이야!" 정도만 허용한다.
* 흥미로운 문구가 등장했다고 해서 과하게 빠져들지 않도록 주의한다.
* AI 도구 사용 시간을 적절히 조절하여 과도하게 의존하지 않도록 한다.
* AI 도구는 우리의 학습을 보조하는 수단임을 강조하고, 아이들이 스스로 사고하고 창의적으로 문제를 해결하는 능력을 기르도록 유도해야 한다. 가능하면 자료를 수집할 때에는 팩트체크를 병행하고 다른 학생들과 소통하며 정보를 추려내게 한다.
* 자극적이거나 선정적인 문구 또는 사진이 등장하면 즉시 보호자 또는 선생님께 알린다.

🤖 ZEP퀴즈(게임성 학습 프로그램)

ZEP퀴즈는 메타버스 가상 공간 속에서 퀴즈를 풀며 미로를 통과하는 게임형 학습 프로그램이다. 아이들은 아바타를 움직이며 미로를 탐험하고, 중간중간 만나는 퀴즈를 풀어나간다. 퀴즈의 내용은 교사가 직접 설계할 수 있어, 단원 정리나 복습 활동으로 활용하면 학습 효과가 크다. 미로를 빠져나가는 데 걸린 시간, 맞힌 퀴즈 개수에 따라 등수가 정해지고 랭킹이 실시간으로 바뀌기 때문에, 아이들은 자연스럽게 도전 의식을 느끼며 몰입하게 된다.

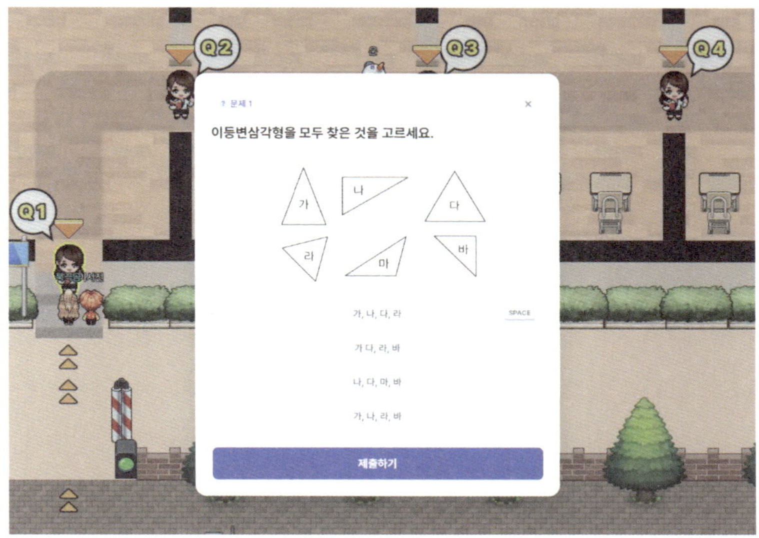

[그림 2-21] ZEP퀴즈

🤖 우리아이AI

우리아이AI는 울산교육청에서 개발한 초·중학생용 AI 학습 파트너다. 별도 회원가입 없이 바로 질문할 수 있어 접근이 쉽고, 다양한 콘셉트의 대화를 제공하는 점이 특징이다. 예를 들어 조선시대 임금님을 선택해 왕과 대화하는 형식으로 역사적 지식을 배우거나, 영어 원어민과 대화 연습을 할 수 있도록 구성된 영어 콘텐츠도 제공된다. 그 외에도 독서 토론, 우리 고장 여행지 소개 글 작성, 통계 포스터 만들기, 고민 상담소 등 교과 학습과 창의 활동을 도와주는 콘텐츠를 선택해 수업에 바로 활용할 수 있다.

🤖 초피티

초피티는 초등학생을 위해 설계된 안전한 GPT 기반 학습 도구다. 교사가 회원가입 후 학년과 과목을 설정해 '수업 방'을 만들고, 학생들에게 입장 코드를 알려주면 학생들은 별도 가입 없이 참여할 수 있다. 아이들은 초피티와 자연스럽게 대화하며 학습하고, 교사는 그 과정을 실시간으로 모니터링할 수 있다.

특히 비매너 질문이나 부적절한 콘텐츠에 대한 필터링 기능이 강력하다. 예를 들어, 연령에 맞지 않는 콘텐츠('주술회전', '귀멸의 칼날 ost' 등)를 입력하면 학생 화면에서는 자동 삭제되고, 대체 입력을 유도하는 교육적인 안내 메시지가 뜬다. 반면 교사는 입력 기록을 확인할 수 있어 학생 지도에 도움이 된다. 이처럼 초피티는 아이들

[그림 2-22] 초피티와의 대화

의 수준에 맞는 안전한 환경 속에서 자유롭게 AI와 소통하며 배우는 경험을 제공한다.

AI 시대, 꼭 길러야 할 아이의 핵심 능력

AI 시대 더 중요해진
문해력과 글쓰기

AI는 이미 우리 일상 깊숙이 들어와 있다. 검색과 학습은 물론, 창작과 의사 결정까지 다양한 방식으로 삶을 바꾸고 있다. 아이들 역시 스마트폰 하나로 번역을 하고, 그림을 그리고, 글을 쓰는 시대를 살아가고 있다. 겉으로 보면 AI가 인간의 일을 대신해주는 것처럼 보인다.

하지만 실제로는 그렇지 않다. 아이러니하게도, AI 시대일수록 인간 고유의 능력, 특히 아이들에게 꼭 필요한 문해력과 글쓰기 능력은 더욱 중요해지고 있다. 기술이 고도화될수록, 그 기술을 어떻게 활용할지 판단하고 결정하는 능력이 더 큰 가치를 갖는다. AI의 도

움을 받는 데서 그치지 않고, AI를 이해하고 주도적으로 활용하는
사람이 되기 위해서는 생각하는 힘, 곧 문해력과 글쓰기 실력이 반
드시 필요하다.

정보의 홍수 속에서 '진짜'를 가려내는 힘, 문해력

지금은 클릭 몇 번이면 수많은 정보를 복제하거나 만들 수 있는 시
대다. 누구나 글을 쓰고, 영상을 만들며, '정보 생산자'가 될 수 있다.
그런데 문제는, 그 정보 속에 사실과 거짓이 뒤섞여 있다는 점이다.

가짜뉴스는 빠르게 퍼지고, 자극적인 콘텐츠는 진실보다 먼저 도
달한다. 단편적으로 발췌된 정보가 마치 전체인 양 유통되기도 한
다. 처음에는 흥미로워 보이지만, 자세히 들여다보면 사실과 전혀
다른 내용이 많다. 이럴 때 필요한 힘이 바로 문해력이다. 단순히 글
자를 읽는 능력이 아니라, 문장의 맥락을 파악하고, 출처를 살피며,
글에 담긴 의도와 방향을 읽는 능력이다. 요즘 아이들이 유튜브 자
막, SNS 댓글, 뉴스 속 인용문을 넘나들며 정보를 접할수록, 이 힘
은 더욱 필요해진다.

AI가 제공하는 답은 '정답'이 아니다. 그것은 과거 데이터를 토대
로 계산된 결과일 뿐이다. 옳고 그름을 판단하거나 책임을 지지는
않는다. 결국 무엇을 믿을지, 어떤 결론을 낼지는 인간에게 달려 있
다. 다시 말해, AI 시대의 문해력은 사실과 판단을 구분하는 최소한
의 방어력이다. 스스로 읽고 생각할 수 있어야, 편향되거나 잘못된

정보에 휘둘리지 않는다. 정보를 읽는다는 것은 단순히 문장을 해석하는 기술이 아니라, 세상을 바라보는 시각을 훈련하는 과정이다. 이 시대를 살아가는 아이들에게 꼭 필요한 능력, 세상을 읽는 힘, 그 중심에 문해력이 있다.

🤖 AI와 '대화'하려면 필요한 힘, 글쓰기

AI를 검색창처럼 생각한다면 절반은 지나친 것과 같다. 오늘날의 AI는 단순히 정보를 꺼내는 도구가 아니다. 대화를 통해 행동 방향을 결정하는 존재다. 즉, 질문이 곧 글쓰기이고, 질문이 사고의 방향이 된다. 의도 없이 던진 질문은, 의도 없는 답을 되돌려줄 뿐이다. 적당히 말하면 적당한 결과가 돌아온다. 원하는 답을 얻으려면, 먼저 원하는 방향을 스스로 설정해야 한다.

AI 시대의 글쓰기란 문장을 조립하는 기술이 아니다. 생각을 구성하는 힘이다. 질문이 명확할수록 답은 또렷해지고, 질문이 깊어질수록 사고도 확장된다. 그래서 AI를 잘 쓰는 사람은 결국 정확하게 쓰는 사람이다. 문장을 다듬는 연습이 곧 사고 훈련이 되는 셈이다. 간혹 "AI가 글을 다 써줄 텐데, 글쓰기를 꼭 배워야 하나요?"라고 묻는 이들이 있다. 하지만 이런 질문은 글쓰기를 단순한 '작성 기술'로만 여기는 오해에서 비롯된다. 글쓰기는 생각을 정리하고, 감정을 가다듬고, 관점을 선택하는 과정이다. 초등학생이든 성인이든 마찬가지다. 내 생각이 무엇인지 모르겠을 때 글을 써보라고 하는 이유도 여기에 있다.

　AI가 초안을 도와줄 수는 있다. 그러나 맥락을 읽고, 의미를 조율하며, 독자의 마음을 움직이는 글은 오직 사람이 쓸 수 있다. 특히 감정, 뉘앙스, 윤리적 판단이 담긴 문장은 기계가 아닌 인간만이 쓸 수 있다. 결국 AI 시대의 글쓰기는 기계에게 말 걸기, 그 답을 해석하기, 그리고 최종 판단을 인간이 책임지는 과정으로 기능한다. 글쓰기는 단순한 기록 행위를 넘어, 살아 있는 지적 활동이다. 그 지적 활동은, 아이든 어른이든 꾸준히 훈련해야 하는 능력이다.

AI 시대, 문해력·글쓰기 교육 방향

앞으로 아이들이 살아갈 미래는 지금과는 다른 방식의 사고와 소통을 요구할 것이다. AI가 곁에 있는 일상이 자연스러워질수록, 인간이 갖추어야 할 능력 역시 새롭게 정의되어야 한다. 문해력과 글쓰기 교육은 그 변화의 중심에 있다. 다음은 AI 시대에 특히 강조되어야 할 교육의 핵심과 실천 방향이다.

　문해력은 AI가 제공한 정보를 읽어내는 힘이며, 글쓰기는 그 정보를 바탕으로 더 나은 질문을 만들어내는 힘이다. 아이들에게 문해력을 가르치고, 글쓰기를 연습시키는 일은 단지 시험을 위한 훈련이 아니다. AI 시대일수록 인간이 가진 고유한 판단력과 감정, 사고의 깊이를 지켜내는 일이자, 기술과 협력하며 살아갈 미래의 기본 조건이다. 이제는 단답형 정답을 맞히는 공부보다, 맥락을 이해하고 나

영역	교육 포인트	실천 예시
문해력	비판적 읽기, 출처 확인, 맥락 이해	"이 뉴스는 누가 썼을까?", "왜 이 말을 했을까?" 질문해보기
글쓰기	의도 표현, 목적에 맞는 문장 구성	AI에게 질문을 써보게 하고, 결과가 어떻게 달라지는지 비교해보기
사고력	문제 정의 능력, 관점 바꾸기	"이 문제를 다른 방식으로 풀 수 있을까?", "반대 입장에서 생각하면 어떨까?"

문해력, 글쓰기, 사고력 교육의 핵심 포인트

만의 답을 찾아가는 학습이 더 중요해진다.

AI가 발전할수록, 인간의 문해력과 글쓰기는 오히려 더 선명하게 그 가치를 드러낸다. 질문을 던지고, 사고를 확장하며, 선택의 책임을 지는 존재는 여전히 인간이기 때문이다. 기술에 끌려가는 존재가 아니라, 기술을 활용하는 존재가 되기 위해 우리 교육은 이 방향을 향해 있어야 한다.

🤖 문학적 측면에서의 문해력과 글쓰기

문학은 인간의 감정과 생각, 그리고 삶의 갈등을 언어로 표현하는 예술이다. 우리는 소설을 읽고 눈물을 흘리기도 하고, 시 한 편에 위로받기도 한다. 왜일까? 문학은 단순히 정보를 전달하는 것이 아니라, 인간의 마음을 건드리는 방식으로 존재하기 때문이다. 이 고유한 특성은 기술이 아무리 발달해도 쉽게 대체되기 어렵다. 최근 AI가 소설을 쓰고, 시를 만든다는 소식이 들리지만, 그것은 감정을 흉내 낼 수 있다는 뜻일 뿐, 감정을 '이해한다'라는 말은 아니다. 감정의 온도와 삶의 맥락은 아직까지 인간의 영역에 남아 있다.

그래서 AI 시대에도 문학을 읽고 쓰는 능력, 즉 문학적 문해력과 글쓰기는 오히려 더 중요해진다. 기술이 복제할 수 없는 것, 바로 그 지점을 사람은 스스로 지켜야 한다. 문학 작품을 읽을 때 중요한 것은 단어의 뜻이나 문장의 구조가 아니다. 텍스트 속에는 시대의 공기, 인물의 심리, 상징과 은유의 결이 스며 있다. 한 문장, 한 대사 속에 어떤 시대의 정서, 어떤 인간의 고뇌가 배어 있는지를 읽어내는 것. 그것이 문학적 문해력이다.

AI는 요약과 정리에는 능숙하다. 그러나 상징을 읽고, 감정의 흐름을 따라가며 이야기 속 복선을 감지하는 능력은 아직 미숙하다. 문학을 읽는다는 건 글자를 이해하는 일이 아니라 사람을 이해하는 일이다. 그 깊은 독해가 곧 생각의 깊이이며, 결국은 삶을 이해하는 힘이 된다.

🤖 AI가 만든 텍스트를 '판별'하고 '평가'하는 힘

오늘날 AI는 다양한 문학 텍스트를 만들어낸다. 몇 초 만에 시를 쓰고, 문학적 표현을 흉내 내며, 심지어 소설의 줄거리까지 구성한다. 기술로 보면 놀라운 일이다. 하지만 독자에게 정말 중요한 질문은 따로 있다. "이 글이 감동을 주는가?", "이야기 안에 인간의 감정과 사유가 살아 있는가?" 바로 이 질문을 던질 줄 아는 힘, 글을 바라보는 시각, 그게 문해력이다.

문해력은 단지 AI가 썼는지, 사람이 썼는지를 가려내는 능력이 아니다. 그 글이 문학적 깊이를 지니고 있는지, 표현에 진정성이 담겨 있는지를 읽어내는 감각이다. 특히 어린이와 청소년에게는, AI가 만들어낸 수많은 글들 사이에서 '읽을 만한 글', '생각할 만한 글'을

자기표현으로써의 글쓰기, 창작의 시작점은 문해력

문학적 글쓰기는 단순한 문장 작성이 아니다. 자신의 감정과 생각, 가치관, 그리고 세계를 바라보는 관점을 언어로 풀어내는 작업이다. 글쓰기는 곧 '자기 자신을 말로 표현하는 일'이며, 삶을 이야기하는 방식이라고도 할 수 있다.

이러한 글쓰기를 위해서는 무엇보다 읽기의 힘, 즉 문해력이 선행되어야 한다. 문해력 없이 쓰는 글은 문장은 있을지 몰라도 이야기는 없다. 이야기가 없는 글은 공감을 만들지 못하고, 감동과 설득력도 약해진다. 문학적 글쓰기의 바탕에는 다른 사람의 글을 깊이 읽어본 경험이 있어야 한다. 그 속에서 감정을 느끼고, 구조를 이해하고, 표현을 살펴보며 독자로서의 눈을 키운 시간이 쌓여야 비로소 자신만의 언어가 생겨난다.

AI는 이 과정에서 좋은 조력자가 될 수 있다. 처음 글쓰기를 두려워하는 아이들이 AI의 도움으로 구조를 잡고 표현을 시도하는 경험을 통해 자신감을 얻을 수도 있다. 그러나 어디까지나 글의 주체는 '아이(나)'여야 한다. AI는 나의 감정을 대신 느낄 수 없고, 나의 삶을 대신 살아줄 수도 없기 때문이다.

가려내는 눈이 필요하다. AI가 글을 만드는 시대일수록, 무엇을 읽고, 어떻게 해석할 것인가는 오롯이 인간의 몫으로 남는다.

👾 타인의 감정에 깊이 공감하고 소통하는 능력

문학을 읽는다는 건, 다른 사람의 삶을 잠시 빌려 살아보는 일이다. 내가 아닌 인물의 눈으로 세상을 보고, 그 인물의 기쁨과 고통, 선택과 후회를 따라가면서 우리는 타인을 이해하는 법을 배운다. 이처럼 공감하는 능력은 지금 우리 아이들에게 꼭 필요한, 가장 인간적인 힘이다.

AI는 '공감하는 것처럼' 보이는 답을 만들 수는 있다. 하지만 실제로 감정을 느끼거나, 타인의 입장을 진짜로 이해하지는 못한다. 문학은 작가와 독자, 그리고 등장인물 사이에서 벌어지는 감정의 흐름이다. 그리고 그 흐름을 따라가는 힘, 바로 그게 문해력이다. 아이에게 책을 읽히는 일은 단지 어휘를 늘리는 훈련이 아니다. 결국은 사람을 이해하는 능력을 기르는 일이다.

👾 AI와 함께 창작하는 시대

오늘날 우리는 AI와 함께 시를 쓰고, 소설의 플롯을 설계하며 창작 활동을 시도한다. 하지만 AI에게 "감동적인 장면을 만들어줘"라고 말하려면, 먼저 '감동'이 무엇인지 내가 알고 있어야 한다. AI가 만들어낸 장면이 내 감정과 어긋났다면, 그건 AI의 잘못이 아니라 내가 감정을 설명하지 못했기 때문이다. 결국, AI와의 협업마저도 내 문해력과 표현력 위에 세워진다.

내가 원하는 분위기와 상황, 담고 싶은 메시지를 언어로 정확하게 전달할 수 있을 때, AI는 비로소 내가 상상한 결과물을 만들어낼 수 있다. 이건 기술의 문제가 아니라 언어의 문제다. 읽고 해석하고 표현하는 힘, 그걸 가진 사람만이 새로운 창작의 문을 열 수 있다.

AI가 많은 것을 자동화하고 효율화할수록, 인간 고유의 능력은 더 빛난다. 문학을 읽고 쓰는 힘, 감정을 공감하고 표현하는 능력, 그리고 언어를 통해 자신과 세상을 이어내는 능력은 AI가 대신할 수 없는 인간의 고유 영역이다. 문학적 문해력은 단순한 독서 기술이 아니다. 세상을 깊이 이해하고, 나만의 방식으로 말할 수 있는 힘이다.

이 힘이야말로, AI 시대를 살아갈 우리 아이들이 '기계가 아닌 인간'으로서 주체적인 삶을 살아가기 위해 반드시 갖춰야 할 역량이다. 그래서 우리는 지금, 오히려 더 문학을 읽고, 말하고, 써야 한다. 그리고 그 과정에서 AI는 도구이자 동반자로서 곁에 머물 수 있다.

요즘 학교에서 가르치는
디지털 문해력

디지털 문해력Digital Literacy이란 단순히 컴퓨터를 '잘 다루는 능력'이 아니라, 디지털 환경 속에서 정보를 올바르게 찾고, 이해하고, 평가하며, 소통하고 창조하는 능력을 말한다. 또한 디지털 기술을 사용해 안전하고 책임감 있게 정보를 만들고 나누는 능력도 포함한다.

🔍 디지털 문해력

- 디지털 매체(인터넷, SNS, 뉴스, 영상 등)에서 정보를 탐색·검색하고, 필요한 정보를 골라내는 능력
- 찾은 정보를 비판적으로 분석하고, 정보의 신뢰성·진위 여부를 판단하

는 역량

- 디지털 도구를 사용해 정보를 생성하거나 재구성하고 커뮤니케이션하거나 협업할 수 있는 능력
- 디지털 윤리, 개인정보 보호, 저작권, 책임 있는 참여 등 디지털 시민으로서의 태도 및 윤리

2022 개정 교육과정에서는 처음으로 '디지털 기초소양Digital Literacy 또는 Digital Competence'을 교육과정의 중점 사항 중 하나로 명시했다. 이에 따라 국어, 사회, 미술 등 여러 교과에서 디지털 미디어 리터러시 관련 요소가 성취기준이나 내용 영역에 포함되기 시작했다. 예를 들어 사회과와 미술과는 디지털 매체의 활용, 미디어 이해, 디지털

영역	설명	예시
정보 이해 능력	온라인 정보를 비판적으로 읽고 사실 여부를 판단하는 능력	"이 뉴스가 진짜일까? 누가 쓴 거지?"
소통 능력	디지털 공간에서 예의 있게 소통하고 협력하는 능력	댓글 쓸 때 상대방 기분을 고려하기
창조 능력	디지털 도구를 사용해 글, 이미지, 영상 등 콘텐츠를 만드는 능력	프레젠테이션 만들기, 영상 편집하기
책임감	디지털 기술을 안전하고 윤리적으로 사용하는 태도	저작권 지키기, 개인정보 보호하기

디지털 문해력의 핵심 요소

구분	전통 문해력	디지털 문해력
초점	책이나 종이 매체 중심의 읽기·쓰기	디지털 기기와 온라인 콘텐츠 활용 중심
방식	깊이 있는 글 읽기, 손글씨 쓰기	검색, 멀티미디어 해석, 댓글 쓰기 등
요구 능력	어휘력, 문장 이해력	정보 판단력, 디지털 도구 사용 능력, 온라인 에티켓

디지털 문해력 vs. 전통 문해력

표현 등과 연계한 학습 내용을 담고 있다. 이처럼 '디지털 기초소양'을 핵심 역량으로 포함한 것은 단순히 지식을 전달하는 데 그치지 않고, 디지털 사회에서 필요한 비판적 사고력, 윤리의식, 참여 역량을 강조한 변화라고 할 수 있다.

요즘 아이들이 접하는 온라인 환경은 매우 빠르게 변화하고 있다. 가짜뉴스와 유해 콘텐츠, 과장된 정보, 사이버 괴롭힘 같은 문제들은 디지털 문해력이 부족할수록 아이들에게 더 쉽게 다가온다. 스마트 기기를 능숙하게 다룰 줄 안다는 것만으로는 아이를 지켜주기에 충분하지 않다. 화면을 넘기고 검색을 잘하는 것과, 그 안에 담긴 정보를 이해하고 판단하는 힘은 전혀 다른 문제이기 때문이다.

AI 시대에는 정보를 그대로 받아들이는 태도에서 벗어나야 한다. 이 정보는 왜 만들어졌는지, 사실에 근거한 내용인지, 어떤 의도와 관점이 담겨 있는지를 스스로 질문하고 평가할 수 있어야 한다. AI

가 제시하는 답변이나 추천 결과 역시 마찬가지다. 편리하다는 이유만으로 무조건 신뢰하기보다, 근거를 확인하고 나에게 필요한 부분만 골라 사용하는 태도가 필요하다.

이런 점에서 디지털 문해력은 단순한 기술 활용 능력을 넘어, 현대 사회를 안전하고 건강하게 살아가기 위한 기본 역량이라 할 수 있다. 디지털 문해력이 있는 아이는 정보의 홍수 속에서도 휩쓸리지 않고 스스로 판단하며, 온라인 공간에서 자신을 보호하고 책임감 있게 소통할 수 있다. 부모의 역할 역시 중요하다. 아이가 화면 속 정보를 그대로 받아들이는 데서 멈추지 않고, 질문하고 생각해볼 수 있도록 돕는 경험이 쌓일 때 AI 시대의 학습과 성장은 훨씬 단단해진다.

아이에게 필요한 건
AI 데이터 해석력

요즘 아이들은 궁금한 것이 생기면 책보다 먼저 AI나 검색창을 연다. AI는 방대한 자료를 바탕으로 질문에 빠르게 답해주고, 다양한 형태의 정보를 제공한다. 그런데 AI가 알려주는 정보가 과연 항상 정답일까? 많은 부모님들이 "AI 덕분에 아이가 더 똑똑해지는 것 같아요"라고 말하지만, 정보를 단순히 받아들이는 아이와 그 정보를 바르게 해석하고 비판적으로 활용하는 아이 사이에는 학습의 깊이에서 분명한 차이가 있다.

AI와 함께하는 학습이 진짜 도움이 되려면, 정보를 다루는 기술보다 먼저 정보를 받아들이는 태도와 해석하는 힘을 길러야 한다.

아이가 스스로 정보를 '읽고', '질문하고', '판단하고', '비교하며' 자신
의 언어로 풀어내도록 이끄는 것이 그 출발점이다.

AI의 답을 그대로 정답으로 받아들이지 않기

AI는 축적된 데이터를 바탕으로 가장 그럴듯한 답을 만들어낸다.
그러나 그 답이 언제나 정확하거나 완전한 것은 아니다. 잘못된 데
이터에서 비롯된 정보일 수도 있고, 오래된 자료를 근거로 한 설명
일 수도 있으며, 그다음 날이면 바뀌는 사실일 수도 있다.

따라서 아이에게는 AI가 제시한 답을 무조건 믿기보다, "왜 이런
답을 했을까?", "혹시 다른 의견도 있지 않을까?"라고 묻는 연습이
필요하다. AI의 정보에 대한 한 번의 질문, 그 시작이 아이의 비판적
사고를 자극한다. 단순히 받아들이는 학습에서 벗어나, 정보를 판
단하고 검토하는 습관이 만들어지는 지점이다.

출처와 이유를 함께 확인하기

정보는 '무엇을 말했는가'보다 '왜 그렇게 말했는가'를 함께 살펴보는
것이 중요하다. AI가 알려주는 답에는 그 나름의 근거가 있다. 아이
가 AI의 설명을 들었을 때, "이건 어디에서 가져온 자료일까?", "이유
는 뭐라고 했어?"라고 함께 묻는 것이 좋다.

이럴 때는 교과서나 백과사전, 뉴스 기사 등 신뢰할 수 있는 자료
를 함께 찾아보며 AI의 답을 검토해보는 경험을 만들어주는 것이

좋다. 정보의 출처를 확인하는 이 작은 과정이, 아이에게 스스로 검증하는 힘과 지식 윤리의식을 길러준다.

AI 문장을 그대로 쓰지 않고 내 말로 쓰기

AI가 만든 문장은 매끄럽고 정확하게 보일 수 있다. 하지만 그 문장을 그대로 베껴 쓰는 것만으로는 사고력도, 표현력도 자라지 않는다. 아이에게 중요한 것은 '남의 문장을 잘 따라 쓰는 능력'이 아니라, '자신의 생각을 자신만의 언어로 말할 수 있는 힘'이다. 예를 들어 AI가 "여름에는 물놀이를 한다"라고 썼다면, 아이에게 이렇게 질문해 보자.

"넌 어디에서 물놀이하고 싶어?"

"바다가 좋아, 계곡이 좋아?"

"이 문장을 네 말로 바꿔본다면 어떻게 말할 수 있을까?"

이렇게 묻는 과정에서 아이는 AI의 문장을 수동적으로 받아들이지 않고, 자신의 경험과 연결해 다시 말하게 된다. 이 연습은 글쓰기의 뼈대를 만들고, 사고력을 키우는 데 결정적인 역할을 한다.

하나의 정보에 의존하지 않고 비교하기

AI가 알려주는 정보는 수많은 가능성 중 하나일 뿐이다. 똑같은 주제라도 교과서, 책, 뉴스 기사, 선생님의 설명은 모두 조금씩 다를 수 있다. 아이에게는 "다른 자료에는 어떻게 나와 있을까?"라고 묻는 방식으로 다양한 관점을 비교해보는 습관을 길러주자. 예를 들어, AI가 설명한 내용을 교과서와 비교해보고, 뉴스 기사나 다큐멘터리 영상과 함께 살펴보면 정보에 대한 감각이 더욱 정교해진다. 이러한 경험은 정보의 신뢰도를 판단하고 균형 있게 사고하는 힘을 키워주는 가장 좋은 방법이다.

🤖 항상 질문하는 습관 기르기

AI는 '답'을 제시하지만, 학습자는 그 답을 '질문'으로 다시 되돌려야 한다. AI가 "플라스틱은 환경에 해롭습니다"라고 말한다면, 아이는 이렇게 묻는 연습을 해야 한다. "왜 해로운 걸까?""그럼 플라스틱 대신 어떤 재료가 있을까?""이건 누구에게 해로운 걸까?" 정보를 질문과 연결하는 힘은, 아이가 단순한 지식 소비자가 아니라 생각하는 사람, 탐구하는 학습자로 자라게 한다. AI는 분명 강력한 학습 도구지만, 스스로 판단하고 표현하는 힘이 없다면 오히려 학습을 수동적으로 만들 수 있다. 그래서 부모가 할 수 있는 가장 중요한 일은 다음과 같다.

정보를 의심 없이 받아들이지 않도록 지도하는 것

AI가 알려준 내용을 함께 점검하고 말로 풀어보게 하는 것

다양한 자료를 비교해보는 경험을 쌓게 해주는 것

아이에게 정보를 믿게 하기보다, 정보를 이해하고 해석하며 자기 언어로 소화하는 힘을 길러주는 것. 이것이 AI 시대, 부모가 아이에게 해줄 수 있는 가장 큰 교육이다. 이러한 과정에서 아이는 단순히 AI를 사용하는 수준을 넘어, AI와 함께 사고하고 성장하는 학습자로 자라나게 된다.

우리 아이 독해력,
AI와 함께 키울 수 있을까?

AI를 활용한 독해 수업은 단순히 기계에게 정답을 묻고, 답을 받아 적는 활동이 아니다. 핵심은 아이들이 글을 읽고 스스로 생각을 정리하며, 질문을 던지고, 다양한 관점으로 내용을 바라보는 힘을 기르는 데 있다. AI는 그 과정에서 아이들과 협력하는 도구가 된다.

예를 들어 기사나 어린이문학 속 정보를 AI와 함께 '팩트체크'하는 활동은 아이들에게 매우 효과적인 독해 훈련이 될 수 있다. 무엇이 사실인지, 어떤 표현이 과장되었는지 AI에게 물어보고, 그 답을 다시 자신이 읽고 판단해보는 과정에서 아이의 문해력과 비판적 사고는 자연스럽게 자란다.

학년별 발달 특성과 독해 수준에 맞게 AI를 적절히 활용한다면, 수업은 훨씬 풍성해질 수 있다. 무엇보다도 아이들이 "AI가 이렇게 말했는데, 정말 그런 걸까?"라고 되묻기 시작할 때, 진짜 독해가 시작된다.

[1~2학년] 글 읽기에 '자신감'을 키우는 단계

초등학교 1~2학년은 글을 정확하게 분석하기보다는, 글을 즐기고 이해하는 기초 감각을 키우는 것이 중요하다. 이 시기의 아이들에게 AI는 낯선 단어를 친절하게 설명해주는 친구이자, 자신이 요약한 내용을 비교해볼 수 있는 파트너가 될 수 있다.

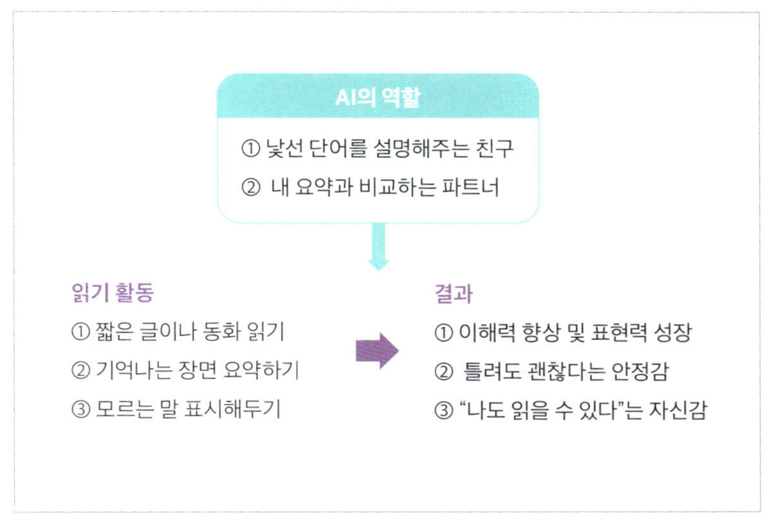

[그림 3-1] 1~2학년, 읽을 수 있다는 자신감을 키우는 단계

아이가 짧은 동화를 읽고 나서 "이 이야기는 무슨 이야기였을까?"라고 물어보면, 아이는 자신의 말로 이야기를 요약해보려 한다. 그런 다음 AI에게도 "이 글을 짧게 이야기해줘"라고 요청하면, 아이는 AI의 답변을 보며 자신이 이해한 내용과 얼마나 비슷한지 확인할 수 있다. 이 과정은 글에 대한 이해력을 자연스럽게 점검해보는 놀이가 되며, 그 과정에서 아이의 표현력과 자신감도 함께 자란다.

또한 글 속에 낯선 단어나 표현이 나왔을 때, 아이는 AI에게 "이게 무슨 뜻이야?"라고 질문할 수 있다. AI가 제시하는 설명을 듣고, 그것을 다시 자신의 말로 바꾸어보는 활동은 단어의 뜻을 단순히 외우는 것이 아니라 문맥 속에서 유추하고 정리하는 연습이 된다.

무엇보다 중요한 것은, 아이가 글을 읽고 "모르겠으면 물어봐도 된다"라는 편안함을 느끼는 것이다. AI는 아이가 스스로 탐색하고 도전하는 경험을 돕는 좋은 안내자가 되어준다.

🤖 [3~4학년] 핵심을 찾고 '생각'을 꺼내는 단계

초등 3~4학년은 본격적으로 글의 중심 내용을 파악하고 주제를 정리하는 훈련이 이루어지는 시기다. 이때 AI와 협력하면 학생이 중심 내용을 명확히 구별하고 사고의 방향을 확장할 수 있도록 도와줄 수 있다. 특히 이 시기에는 자신의 이해 과정을 객관화하고 조절하는 '메타인지' 능력이 크게 발달한다.

가장 기본적인 활동은 요약 비교이다. 학생이 글을 읽은 후 스스

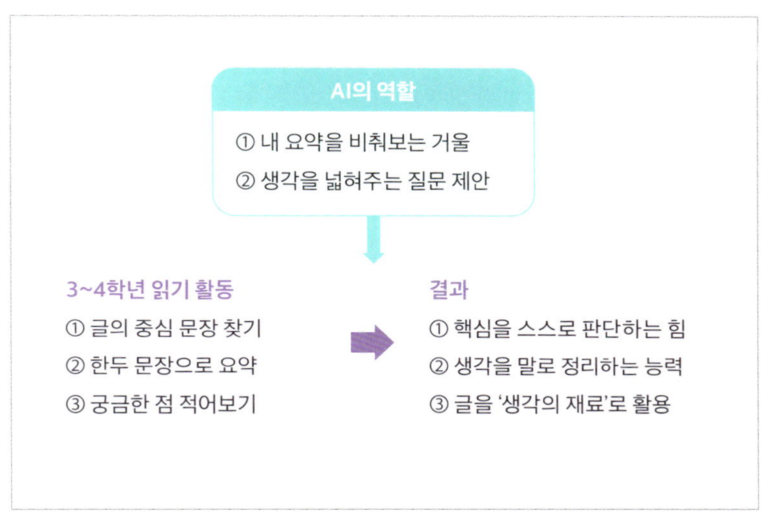

[그림 3-2] 3~4학년, 글의 핵심을 찾고 생각을 말로 꺼내는 단계

로 요약해보고, AI에게도 "이 글을 한 문장으로 요약해줘"라고 요청한다. 두 개의 요약을 나란히 놓고 비교하면서 빠진 정보는 없는지, 너무 짧거나 길지는 않은지 스스로 판단하는 과정을 통해 요약의 기준을 스스로 깨닫게 된다.

또 다른 활동은 질문 만들기다. AI에게 "이 글을 읽고 친구들에게 할 만한 질문을 만들어줘"라고 요청하면, AI는 주제와 관련된 다양한 질문을 제시한다. "이 주인공의 입장에 동의하나요?", "이 이야기와 비슷한 경험이 있나요?" 같은 질문이다. 아이는 그 질문을 토대로 친구들과 토론해보고, 자신의 생각을 말로 표현하는 훈련을 하게 된다.

이러한 활동을 통해 아이들은 단순히 글을 이해하는 수준을 넘어 '글을 가지고 생각하기'로 나아간다. AI는 아이들이 생각을 확장하고 표현할 수 있도록 돕는 디딤돌이 되어준다.

🤖 [5~6학년] '비판적 읽기'를 시도하는 단계

초등 5~6학년이 되면, 글을 '이해하는 힘'은 자연스럽게 '비판적 사고'와 '논리적 구성'의 영역으로 확장된다. 단순히 내용을 파악하는 데서 그치지 않고, 글의 주장에 질문을 던지고, 다른 시각을 상상해보며 사고의 깊이를 더해가는 시기다.

이 시기에 AI는 아이의 생각을 도와주는 조력자가 될 수 있다. 예를 들어, 한 편의 주장문을 읽고 나서 AI에게 "이 글에 반대하는 사람은 뭐라고 말할까?"라고 물어보는 활동을 해보자. AI는 대립되는 시각을 제시해주고, 아이는 그 주장을 검토하며 자신의 생각을 다듬는다. 그리고 AI가 제시한 반대 입장에 대해 반론을 써보게 하면, 아이는 글 속의 관점뿐만 아니라, 자신의 생각까지도 글로 정리하는 훈련을 하게 된다. 이때 논리적으로 사고하는 힘은 자연스럽게 자라난다.

또 하나의 활동은 글의 구조를 함께 설계해보는 것이다. 아이가 글을 쓰기 전에 "이 주제로 글을 쓰려면 어떤 순서로 써야 할까?"라고 AI에게 물어보면, 도입-전개-결론의 구성이나 문단별 핵심 내용을 안내받을 수 있다. 아이는 그 틀을 참고해 자신의 경험과 생각

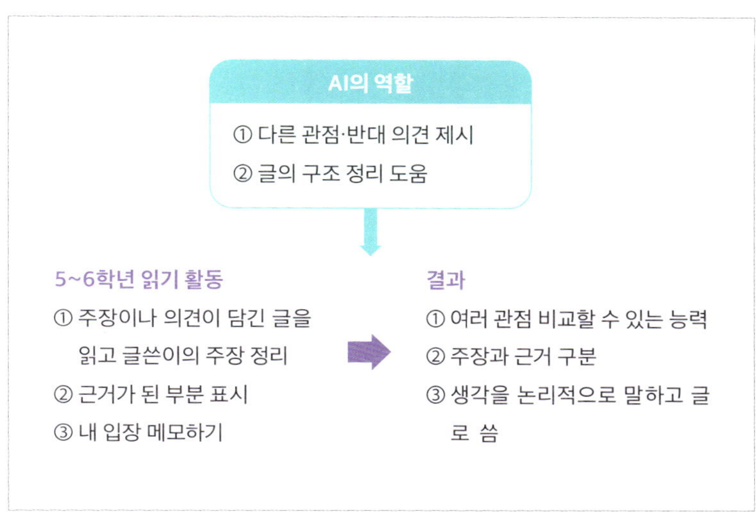

[그림 3-3] 5~6학년, 내 생각을 논리로 정리하는 읽기

을 채워 넣는다. AI는 사고의 흐름을 정리해주는 구조 안내자, 아이는 그 위에 자신만의 언어를 얹는 창작자가 되는 셈이다.

이러한 협력은 아이가 자신의 관점을 말로 표현하고, 글로 정리하는 데 커다란 도움을 준다. AI는 지식을 대신 알려주는 존재가 아니다. 오히려 사고의 방향을 열어주고, 생각을 정리하도록 도와주는 동반자다.

중요한 것은, AI가 답을 대신 내주는 것이 아니다. 아이가 스스로 질문을 만들고, 답을 찾고, 생각을 정리하는 과정에 AI가 조용한 협력자로 작용하는 것이다. 이렇게 아이는 AI와 협력하며 자신감을 얻고, 문해력을 넓혀가고, 사고를 표현하는 힘을 키운다.

　　결국 독해력은 혼자 생각하는 힘에서 자란다. 그리고 그 생각을 꺼내고 정리하게 만드는 도구로써, AI는 충분히 쓸모 있다. 잘만 활용하면, 아이는 기술에 끌려가는 사람이 아니라, 기술을 활용해 자기 생각을 확장하는 사람으로 자라날 수 있다.

GPT와 글쓰기 템플릿 활용이
창의력을 해칠까?

AI 기술의 발달은 글쓰기의 양상마저 바꾸고 있다. 특히 GPT는 사람이 쓴 방대한 양의 글을 학습해 사용자의 목적에 맞는 텍스트를 생성해내는 AI로, 글쓰기에 도움을 주는 도구로 널리 활용되고 있다. 막막한 글쓰기의 출발선을 넘게 해주고, 생각을 정리하거나 문장을 한층 더 매끄럽게 다듬는 데 유용하다는 점에서 학생은 물론 교사와 작가 등 다양한 집단에서 활용 범위가 점점 넓어지고 있다.

하지만 GPT를 비롯한 AI 도구에 대해 '창의력을 해칠 수 있다'라는 우려도 존재한다. 글쓰기 형식과 구조를 안내하는 틀인 템플릿Template

역시 마찬가지다. 편리한 만큼, 창의성을 제한할 수 있다는 걱정이 따라붙는다. 그렇다면 GPT와 템플릿은 학생의 창의성을 방해하는 걸까? 아니면 새로운 창작의 길을 여는 도구일까?

글쓰기 도우미로서의 GPT

요즘 아이들은 글을 쓰는 데 어려움을 느낄 때, 혼자 오래 고민하기보다는 곧바로 도움을 요청하는 데 익숙하다. 이럴 때 유용한 도구가 바로 인공지능 글쓰기 도우미, GPT다. GPT는 글을 대신 써주는 기계가 아니다. 아이들이 머릿속 생각을 정리하고, 이를 자신의 언어로 표현할 수 있도록 돕는 디지털 조력자라는 점에 의미가 있다. 질문을 던지고, 문장을 다듬고, 아이의 표현을 확장해주는 방식으로 글쓰기 과정을 함께하는 파트너인 셈이다.

막막한 출발선에 서 있는 아이에게

GPT의 가장 큰 장점은, 막막한 글쓰기의 출발선을 마련해준다는 점이다. 글쓰기를 어떻게 시작해야 할지 몰라 멈춰 선 아이에게 GPT는 "이런 식으로 시작해볼 수 있어요"라며 첫 문장을 제안한다. 아이들은 그 문장을 참고해 자신만의 표현으로 바꾸거나, 거기에 자신의 경험을 덧붙이며 글을 이어갈 수 있다. 이러한 과정은 글쓰기에 대한 부담을 덜어주고, '나도 글을 쓸 수 있겠구나'라는 자신감을 심어준다.

문장을 풍성하게, 생각을 깊게

GPT는 문장을 다듬거나 확장하는 데에도 도움을 준다. 예를 들어 아이가 쓴 문장이 너무 짧거나 단순할 경우, GPT에게 "좀 더 구체적으로 바꿔줄래?"라고 요청할 수 있다. 그러면 GPT는 비슷한 내용을 다양한 표현으로 보여주고, 아이는 그중 마음에 드는 표현

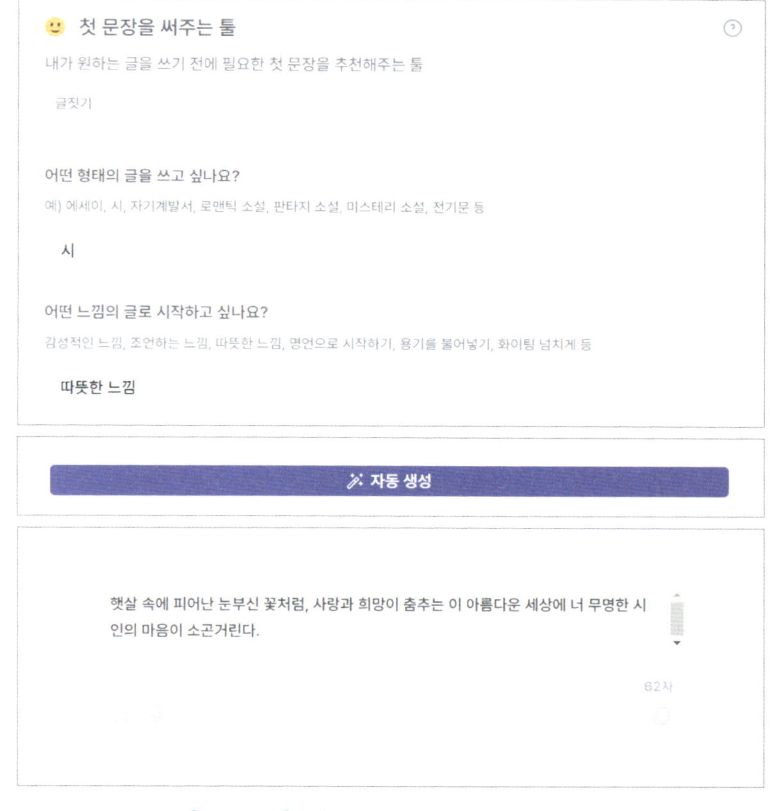

[그림 3-4] AI(뤼튼)를 활용한 디지털 글쓰기

을 참고하거나 스스로 수정하며 문장을 더욱 풍부하게 만들어간다. 이 과정은 단순한 모방이 아니라, 표현력을 확장하고 어휘의 폭을 넓히는 유익한 훈련이 된다.

GPT는 또한 질문을 던짐으로써 아이의 생각을 끌어내는 도구로 활용될 수 있다. 아이가 "소풍을 갔다"라는 짧은 문장만 떠올렸다면, GPT는 "소풍 장소는 어디였나요?", "누구와 갔고, 어떤 일이 있었나요?", "가장 재미있었던 순간은 무엇이었나요?"와 같은 질문을 통해 아이의 기억과 감정을 구체화하도록 돕는다. 이러한 상호작용은 아이가 생각을 확장하고, 깊이 있는 글을 쓰도록 이끄는 데 큰 도움이 된다.

GPT는 글을 대신 써주는 존재가 아니라, 글을 함께 써나가는 조력자여야 한다. 글의 주제에 따라 적절한 조율과 교사의 안내가 함께 이루어져야 하며, GPT는 글쓰기를 막막해하는 아이들에게 매우 유용한 출발점이 될 수 있다. 특히 글에 대한 흥미와 자신감이 부족한 아이일수록, GPT와의 협업은 글쓰기의 문을 여는 좋은 계기가 될 수 있다. 디지털 시대의 새로운 글쓰기 도구를 현명하게 활용한다면, 아이의 글쓰기 능력은 한층 더 탄탄해질 것이다.

글쓰기 도우미로서의 템플릿

아이에게 "글을 써보자"라고 하면 흔히 돌아오는 대답이 있다. "뭘 써야 할지 모르겠어요" 또는 "얼마나 써요?"라는 물음이다. 생각은

1. 가장 기억에 남는 일을 제목으로 써보세요.

제목	비 오는 날, 우산 하나로 집에 간 날

2. 언제, 어디서, 누구와 있었는지 써보세요.

어디서	학교 앞 횡단보도
언제	어제 하교할 때.
누구	민수

3. 가장 기억에 남는 일을 골라, 일어난 일과 그 결과를 순서대로 써보세요.

어떤 일	집에 가는 길에 갑자기 비가 많이 내렸다.
어떻게 되었나	처음에는 조금만 오는 줄 알았다. 하지만 비가 점점 세졌다. 그때 민수가 우산을 같이 쓰자고 말했다. 우리는 우산 하나를 쓰고 집까지 함께 갔다.

4. 그때 어떤 생각이 들었는지, 어떤 느낌이었는지 써보세요.

그때의 마음	처음에는 당황했지만, 친구와 함께여서 마음이 놓였다.
알게 된 점·느낀 점	다음에는 나도 먼저 친구를 도와주고 싶다.

5. 지금까지 쓴 내용을 모아 한 편의 글로 써보세요.

완성글	어제 학교가 끝나고 집에 가는 길에 갑자기 비가 내렸다. 비가 점점 세지자 당황했지만, 친구 민수가 우산을 같이 쓰자고 했다. 우리는 우산 하나를 나눠 쓰고 집까지 함께 걸어갔다. 혼자가 아니라서 마음이 한결 편해졌다. 이 일을 통해 친구의 작은 배려가 큰 힘이 될 수 있다는 걸 알게 되었고, 다음에는 나도 먼저 친구를 도와주고 싶다.

글쓰기 템플릿 예시

있지만, 어디서부터 시작해야 할지, 어떤 순서로 써야 할지 막막한 것이다. 이럴 때 아이에게 실질적인 도움을 줄 수 있는 도구가 바로 글쓰기 템플릿이다.

글쓰기를 막연하게 느끼는 아이에게 AI는 글의 종류에 맞는 템플릿을 제시해줄 수 있다. 글에 어울리는 구조를 찾는 과정에서 책이나 교사의 도움을 받는 것도 의미 있지만, AI를 활용하면 보다 신속하고 부담 없이 접근할 수 있다. 특히 템플릿을 고르고 살펴보는 과정 자체가 아이의 능동적인 사고를 자극하며, 글을 어떻게 구성할지 스스로 고민하게 만드는 출발점이 된다.

글쓰기 템플릿은 글의 구조를 시각적으로 보여주는 틀이다. 이를

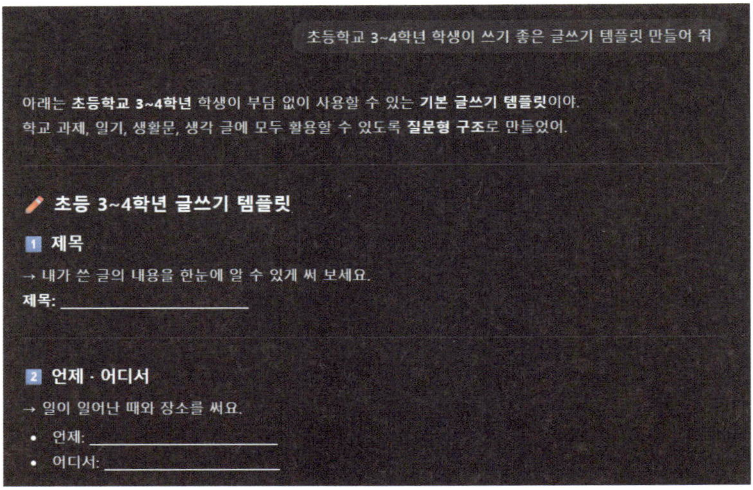

[그림 3-5] 챗GPT를 활용한 글쓰기 템플릿 만들기

통해 아이는 글의 전체 흐름을 미리 그려보고, 어떤 내용을 어디에 담아야 할지 구상할 수 있다. 좋은 템플릿은 단순히 형식만 제시하지 않는다. 각 단계마다 아이의 생각을 끌어내는 질문을 함께 제공해, 사고의 방향을 자연스럽게 안내한다.

템플릿은 표현력을 기르는 도구이기도 하다. 처음에는 예시 문장을 참고하거나 따라 쓰는 방식으로 시작하지만, 점차 자신의 경험과 언어로 바꾸어 표현하게 되면서 어휘력과 문장력이 자란다. 글의 구조가 명확해질수록 아이는 형식에 대한 부담에서 벗어나 표현에 더 집중할 수 있고, 그 결과 글의 완성도 역시 자연스럽게 높아진다.

창의력을 키우는 GPT 활용법

AI 시대에 창의력을 해치는 것이 GPT나 템플릿 그 자체일까? 사실 그렇지 않다. 문제는 도구가 아니라, 그것을 어떻게 사용하느냐에 달려 있다. GPT는 글을 대신 써주는 기계가 아니다. 함께 글을 써 내려가는 협력자가 될 수 있다. 아이들이 AI와 더불어 창의적인 글쓰기를 실현하려면, 단순한 모방이 아니라 능동적인 활용의 관점이 필요하다.

형식은 참고하고, 내용은 스스로 채우기

GPT가 제시하는 글의 구조는 참고하되, 그 안을 채우는 내용은 자신의 생각과 경험으로 구성하는 연습이 필요하다. 예를 들어 '여름방학에 있었던 일'이라는 주제로 글을 쓸 때, GPT가 제공한 예시 문장을 그대로 베끼는 것이 아니라, 그 형식을 참고해 내가 실제로 겪은 일을 담아내야 한다. 형식은 빌리되, 이야기의 주인공은 언제나 '나'여야 한다. 이런 방식으로 구조와 틀을 빌려와 자신만의 경험을 녹여 쓰는 과정은 창의적 사고의 출발점이다.

하나의 주제를 여러 구조로 바꿔 써보기

같은 주제를 다양한 글쓰기 구조로 바꿔보는 활동은 사고의 유연성을 높이고 표현의 폭을 넓히는 데 도움이 된다. 예를 들어 동일한 주제를 '인과형', '문제 해결형', '비교형' 구조로 다시 써보는 것이다. 이렇게 다양한 구조를 적용해 글을 재구성하는 과정은 한 가지 주제를 다각도로 바라보는 힘을 길러주고, 사고의 깊이를 더해준다.

AI 초안을 '내 글'로 다시 고쳐 쓰기

GPT가 제안한 초안에 자신의 감정과 배경지식, 개성을 덧붙여 새롭게 바꾸는 활동은 창의력을 키우는 핵심이다. AI가 만든 문장을 무비판적으로 받아들이는 대신, 공감되지 않는 표현을 고치고, 자신의 경험을 덧붙이며, 문체를 조정하는 것이 중요하다. 이런 수정과 재구성의 과정 자체가 창의적 글쓰기 훈련이며, 글을 통해 자기 생각을 더 분명히 표현하는 능력을 기를 수 있다.

질문에서 시작하는 글쓰기

질문을 중심에 두고 글을 창작하는 방식은 생각의 깊이를 더해준다. 예를 들어 "왜 그랬을까?", "어떻게 해야 할까?", "만약 그렇지 않았다면?", "이게 정말 옳은 일일까?" 같은 질문을 따라가며 글을 쓰는 것이다. 질문은 단순한 사건 서술을 넘어서게 한다. 원인과 결과, 입장과 가치, 선택과 판단을 담은 글로 발전할 수 있게 만든다. 이런 질문 중심 글쓰기는 AI 시대에 더욱 중요한 사고 훈련 방법 중 하나다.

이처럼 GPT는 창의력을 없애는 존재가 아니라, 창의력을 발휘하게 도와주는 디딤돌이 될 수 있다. 핵심은 AI에 종속되지 않고 내 생각을 중심에 두는 태도다. 아이들에게 필요한 것은 바로 이런 글쓰기 경험이다. AI와 협력하되, 글의 방향키는 언제나 자신의 손에 쥐고 있어야 한다.

🤖 도구보다 중요한 건 '나의 생각'

우리는 이제 GPT 같은 인공지능 도구와 함께 글을 쓰는 시대에 살고 있다. 이런 도구들은 마치 날카롭고 정교한 칼과 같다. 손에 익으면 훌륭한 요리를 만들 수 있지만, 준비가 되지 않은 채 사용하면 손을 베이거나 재료를 망칠 수도 있다. 결국 중요한 것은 도구 자체가 아니라, 그것을 다루는 사람의 생각이다.

AI는 분명 유용한 글쓰기 도구다. 자료를 정리해주고, 문장을 매끄럽게 다듬어주며, 때로는 글의 구조를 제안하기도 한다. 그러나 이 모든 과정을 조율하고 방향을 결정하는 것은 결국 사람이다. 아무리 정교한 AI라도 아이의 감정이나 경험, 생각을 대신해줄 수는 없다. 감정을 느끼고, 기억을 떠올리며, 고유한 관점으로 세상을 바라보는 일은 인간만이 할 수 있는 일이다. AI는 곁에서 도와줄 수 있을 뿐, 아이 마음을 대신해 글을 쓸 수는 없다.

TIP 아이가 GPT와 템플릿에 지나치게 의존한다면?

문제는 이러한 도구를 어떻게 활용하느냐에 있다. 템플릿과 GPT가 제안한 글을 그대로 복사해 붙여 넣거나, AI가 제공한 구조를 비판 없이 따르기만 한다면 창의력은 점차 약해질 수밖에 없다. 다음과 같은 경우에는 특히 주의가 필요하다.

학생이 스스로 생각하지 않고, GPT의 결과를 그대로 사용하는 경우
AI가 만든 구조나 표현에만 의존하여, 자신의 목소리를 지워버리는 경우
다양한 표현과 시도를 꺼리고, '정답형 글쓰기'에만 익숙해지는 경우

이러한 태도는 글쓰기를 단지 '정답을 찾는 활동'으로 바꿔버린다. 결과적으로 학생은 스스로 사고하고 표현하는 기회를 잃게 된다. GPT가 제공하는 초안을 참고하는 것과, 그 초안에 생각 없이 기대는 것은 전혀 다른 일이다. 도구는 수단이지 목적이 아니다. 아이가 자기 생각을 표현하고 글을 다듬는 주체가 되어야 한다.

아이에게 중요한 것은 AI를 금지하거나 무조건 혼자 쓰게 하는 것이 아니다. 핵심은 AI를 사용하되 자기 생각을 중심에 두는 태도를 익히는 것이다. GPT가 제안한 문장을 그대로 받아들이기 전에, "이 문장이 내가 하고 싶은 말과 진짜 맞을까?", "이보다 더 나은 표현이 있을까?" 같은 질문을 스스로 던질 수 있어야 한다. 도구에 기대는 것이 아니라, 도구를 활용하는 사람이 되어야 한다. GPT는 어디까지나 조연이지 주연은 아니다.

이제 글쓰기 교육도 바뀌어야 한다. 단순히 문장을 잘 쓰는 기술을 가르치는 단계를 넘어, 자기만의 아이디어를 떠올리는 힘과 함께 AI 같은 도구를 적절하게 활용할 수 있는 능력을 함께 길러야 한다. 창의성과 기술의 균형, 이것이 앞으로의 글쓰기 교육에서 핵심이 될 것이다. AI는 훌륭한 협력자다. 그러나 아이가 스스로 주체성을 잃지 않아야 하며, AI가 아이의 생각을 대신하게 두어서는 안 된다. AI가 아이를 이끄는 것이 아니라, 아이가 AI를 이끌 수 있어야 한다. 그러려면 비판적으로 사고하는 태도, 도구를 목적에 맞게 사용하는 전략, 그리고 자기 생각을 표현하려는 의지가 필요하다.

아이의 생각을
글로 이끌어내는 질문법

아이의 생각을 글로 자연스럽게 이끌어내기 위해서는 '질문'이 무엇보다 중요하다. 하지만 모든 질문이 아이의 사고를 확장해주는 것은 아니다. 단답형으로 끝나는 닫힌 질문이나 이미 정해진 답을 유도하는 질문은 아이의 마음을 닫아버리기 쉽다. "숙제 다 했어?", "왜 그렇게 했어?"처럼 압박감을 주는 말보다는 "오늘 하루 중에서 가장 재미있었던 순간은 언제였어?" 같은 질문이 아이의 이야기를 더 잘 이끌어낼 수 있다.

감정과 상상력을 끌어올리는 열린 질문은 아이의 마음에 자연스럽게 문을 열어준다. 아이는 질문을 통해 기억 속 경험을 다시 떠올리고, 그 장면에서 느낀 감정과 생각을 글감으로 끌어올릴 수 있다. "왜 그랬어?"라고 따져 묻기보다는 "그럴 때 어떤 기분이 들었어?"라고 묻는 식이다. 예를 들어 "이번 여행에서 가장 기억에 남는 순간이 언제였어? 그 순간이 왜 특별했는지 말해줄래?" 같은 질문은, 단순한 사실이 생각과 감정으로 확장되는 기회를 만든다. 아이가 "음식이 맛있었어"라고 대답하면, "그 음식은 어디서 먹었고, 어떤 맛이 났는지도 궁금한데?" 하고 덧붙이면 글의 재료가 한층 풍성해진다.

상상과 선택을 자극하는 질문은 글의 구조가 된다

아이의 글감은 주로 경험에서 나오지만, 그 경험이 글로 잘 풀어지기 위해서는 상상력과 판단력을 끌어내는 질문이 함께 작동해야 한다. 선택지만 던져서 결정을 재촉하는 질문보다는, 아이가 생각을 펼칠 수 있는 여백이 담긴 질문이 훨씬 풍성한 글감을 만든다. 예를 들어 "네가 괴물들이 사는 나라에 간다면, 괴물들과 어떻게 놀고 싶어?"처럼 질문을 던지면, 아이는 자유롭게 상상의 나래를 펼치며 이야기를 구성하게 된다.

같은 주제로 서로 다른 방식으로 글쓰기

'오늘 학교에서 특별했던 일'을 '일기', '동화', '뉴스 기사'처럼 형식 바꿔 써보기

비교를 유도하는 질문 던지기

"혼자 노는 시간과 친구랑 노는 시간 중에 뭐가 더 좋아?", "왜 그렇게 생각해?" → 주장 + 이유 구조 만들기

이때 비교 질문을 함께 던지면, 아이는 자신이 무엇을 생각하고 있는지보다 분명하게 알 수 있고, 논리적으로 정리하는 힘도 함께 길러진다. 아이가 자신의 입장을 정리하고 이유를 덧붙이면서 글의 뼈대가 될 논리를 자연스럽게 갖추게 된다. 이런 질문은 글쓰기 활동 전에 짧은 말하기 시간으로 활용해도 좋다.

대화에서 글로 이어지는 감각의 흐름 만들기

아이의 말을 존중하며 되묻는 자세도 중요하다. 공감이 담긴 한마디와 세심한 되물음은 아이의 말문을 열어주고, 글의 재료가 될 감정과 장면을 더 깊게 끌어올린다.

먼저 "가장 최근에 웃었던 순간이 뭐야?"처럼 가볍고 긍정적인 질문으로 시작해보자. 아이가 "강아지가 신발 물고 뛰었을 때"라고 답했다면, "그때 옆에 누가 있었고, 어떤 소리가 들렸어?"처럼 감각을 깨우는 질문을 덧붙이면 된다. 마지막으로 "그 순간, 네 마음속에서는 어떤 느낌이 있었을까?"라고 물어주면, 말로 정리된 경험이 곧 글로 옮기기 쉬워진다.

'기억의 퍼즐 맞추기'

웃었던 순간을 떠올리고 → 주변 사람, 소리, 냄새, 느낌 등 감각 요소 붙이기

'그림책처럼 써보기' 제안

방금 얘기한 장면을 짧은 이야기로 써보자고 권하기

이런 대화는 억지로 글을 쓰게 하는 것이 아니라, 아이 안에 있는 기억과 감정을 스스로 꺼내어 문장으로 이어지게 돕는 과정이다. 교과서 속 주제가 아니더라도, 아이에게 의미 있었던 하루의 한 장면, 엄마와 함께 웃었던 대화 한 줄이 글의 출발점이 될 수 있다. 반복될수록 글쓰기는 '억지로 하는 일'에서 '표현하고 싶은 일'로 바뀐다.

아이가 쓴 글에 대해 AI의 의견을 들어보는 것도 좋은 활동이 된다. "내가 쓴 글인데 GPT 너는 어때?", "이 글에서 더 좋게 바꿀 부분이 있을까?" 같은 질문을 넣으면, 아이는 자신의 글을 다른 시선에서 다시 바라보게 된다. 예를 들어 GPT가 "마지막 문장에 감정을 조금 더 담아보면 좋겠어요"라고 말해주면, 아이는 글을 다시 다듬어보는 계기를 갖게 된다. 자신이 쓴 글이 누군가에게 '읽히는' 경험은 아이에게 큰 동기부여가 된다.

디지털 글쓰기,
AI 시대의 새로운 평가 기준

AI와 디지털 기술이 일상이 된 지금, 아이들의 글쓰기 환경도 크게 달라졌다. 종이와 연필로 쓰던 글은 이제 스마트 기기와 온라인 플랫폼 위에서 이루어진다. 단어를 문장으로 엮는 기술을 넘어, 정보를 해석하고 매체를 선택하며, 독자와 소통하는 능력이 글쓰기의 일부가 되었다.

디지털 글쓰기는 단순한 작문 능력에 머물지 않는다. 아이들은 자료를 검색하고, 출처를 판단하며, 자신만의 의견을 구성하고, 이를 카드뉴스나 블로그, 영상처럼 다양한 방식으로 표현한다. 이처럼 디지털 글쓰기는 기획력, 매체 활용력, 소통 감각을 포함하는 복합적인 역량이다.

그렇다면 평가 기준도 달라질 수밖에 없다. 맞춤법이나 문장력만으로는 아이의 디지털 글쓰기 능력을 온전히 살펴보기 어렵다. 정보 선택이 적절한지, 메시지가 분명하게 전달되는지, 매체의 특성을 고려해 글이 구성되었는지, 그리고 독자를 얼마나 배려했는지가 함께 평가돼야 한다. 이제는 하나의 글을 '잘 썼는가'보다, 어떤 메시지를 어떤 방식으로 설계하고 전달했는지가 더욱 중요해졌다.

디지털 시대의 글쓰기는 '정답 같은 글'이 아니라, 생각을 효과적으로 표현하고 실제로 소통하는 글이어야 한다. 지금 아이들은 교실 안이 아니라 세상과 연결되는 글을 쓰고 있다. 이제는 그 글을 바라보는 기준도 달라져야 한다.

디지털 글쓰기의 다섯 가지 핵심 평가 기준

정보 선택과 융합 능력

디지털 환경에서는 클릭 몇 번으로 수많은 정보를 얻을 수 있다. 하지만 정보가 많다고 해서 모두 정확하거나 유익한 것은 아니다. 오히려 허위 정보, 편향된 기사, 상업적 콘텐츠 등이 섞여 있기 때문에, 어떤 정보를 고르고 어떻게 나의 글에 맞게 재구성했는지가 중요하다.

· 학생이 검색한 정보의 출처는 신뢰할 만한가?
· 정보를 자신의 주제와 연결지어 재구성했는가, 아니면 단순히 복사해 붙여 넣었는가?
· 다양한 자료를 바탕으로 자신만의 생각을 도출하고 서술했는가?

멀티모달 표현력

멀티모달Multimodal은 여러 방식의 표현 수단을 함께 사용하는 것을 의미한다. 디지털 글쓰기는 더 이상 글자만으로 이루어지지 않는다. 이미지, 영상, 표, 링크, 그래픽, 소리, 애니메이션 등 다양한 표현 도구를 활용해 의미를 구성하고 전달한다.

· 글 외에도 적절한 이미지, 영상, 표, 하이퍼링크 등을 활용했는가?
· 각 요소들이 글의 주제와 조화를 이루며 의미 전달에 기여했는가?
· 정보가 중복되거나 산만하지 않고 서로 보완적인 역할을 했는가?

디지털 독자와의 소통 의식

디지털 글쓰기는 혼자만의 글쓰기가 아니다. 블로그, SNS, 커뮤니티 등에서 글은 반응을 얻고 피드백을 주고받으며 계속 변화하는 소통의 장이 된다. 독자를 고려한 표현, 예의 있는 응답, 플랫폼에 맞는 전략적 글쓰기가 중요하다.

· 글을 읽는 대상의 관심, 수준, 배경을 고려했는가?
· 댓글이나 피드백을 반영해 글을 수정하거나 보완했는가?
· 플랫폼 특성을 이해하고 적절한 말투나 표현 방식을 선택했는가?

비판적 사고와 윤리적 태도

디지털 글쓰기는 언제든지 복사-붙여 넣기의 유혹에 노출된다. 하지만 출처 표기, 인용의 정확성, 저작권 인식 등 글쓰기 윤리는 디지털 시대에 더욱 강조되어야 한다. 또한 허위 정보나 편향된 콘텐츠를 분별하고 비판적으로 수용하는 능력도 중요하다.

· 인용한 자료의 출처를 명확히 밝혔는가?
· 이미지, 음악, 글 등 타인의 콘텐츠를 저작권을 침해하지 않고 사용했는가?
· 제공된 정보가 왜곡되거나 편향되지 않았는지 비판적으로 분석했는가?

디지털 기술 활용 능력

디지털 글쓰기는 단순히 문서를 작성하는 기술을 넘어선다. 이미지 편집, 링크 삽입, 인포그래픽 제작, 프레젠테이션 구성 등 다양한 디지털 도구를 목적에 맞게 조합하고 활용하는 능력이 필요하다.

· 문서 작성 도구(예: 구글 Docs, MS Word, Canva 등)를 적절히 활
  용했는가?
· 콘텐츠의 흐름과 주제에 어울리는 시각 자료, 링크, 멀티미디어 요
  소를 활용했는가?
· 도구를 기계적으로 사용한 것이 아니라, 의미 전달을 돕는 방식으
  로 구성했는가?

🤖 사고력·소통력·표현력을 함께 묻는 평가

이제 글쓰기는 단지 글을 '잘 쓰는지'를 묻는 데서 그치지 않는다. 디지털 글쓰기는 학생이 어떤 주제를 선택해 어떻게 탐구했는지, 필요한 자료를 어떤 기준으로 찾고 활용했는지, 또 그 과정에서 누구와 어떤 방식으로 소통했는지를 함께 살펴보는 종합적인 학습 활동이다. 더 나아가 생각을 어떤 매체와 형식으로 표현했는지까지 포함해 평가의 범위가 확장된다. 따라서 디지털 글쓰기의 평가는 더 이상 결과물로써의 글만을 보는 것이 아니다. 사고, 표현, 소통, 기술의 융합 능력을 중심으로 평가한다는 점에서 전통적인 평가와 본질적으로 다르다.

이제 우리는 아이들에게 문장을 잘 쓰는 법만 가르칠 수 없다. 그보다는 생각을 어떻게 펼치고, 정보를 어떻게 해석하고, 타인과 어떻게 연결하며, 그것을 어떤 형식으로 구현할지를 함께 가르쳐야 한다. 디지털 글쓰기에 적합한 평가는 단지 성적을 매기기 위한 도구가 아

니라, 학생의 사고와 표현을 풍부하게 만들어주는 성장의 장치가 되어야 한다. 글쓰기에서 콘텐츠 만들기로, 단답형 평가에서 통합적 사고 평가로. 평가의 방향이 바뀌어야 아이들의 글이 달라진다.

AI와 함께 공부하는 자기주도학습

왜 지금
자기주도학습일까?

지금의 아이들은 과거와 전혀 다른 방식으로 배움을 시작하고 있다. 디지털 교실, AI 교육자료, 다양한 학습 앱이 일상이 된 지금, 아이들은 이미 '배우는 방식'부터 바뀐 세대다. 정보는 너무 많고, 변화는 너무 빠르며, 정답은 하나가 아니다. 예전처럼 "선생님이 알려주는 대로 하면 된다"라는 방식만으로는 학습이 지속되지 않는다.

그래서 지금의 교육에서 가장 중요한 것은 한 번 배운 내용을 오래 기억하는 능력이 아니라, 새로운 환경에서도 스스로 배우는 힘이다. 그 힘을 우리는 자기주도학습이라 부른다. 이 장에서는 왜 지금 자기주도학습이 절실해졌는지, 초등학생이 어떤 방식으로 그 힘을 키울 수 있는지를 차근차근 살펴보고자 한다.

🤖 교육의 기준 변화, 듣는 학생에서 '설계하는 학습자'

한때는 교사의 말을 잘 듣고 주어진 내용을 성실히 외우는 아이가 모범생으로 여겨졌다. 그러나 정보가 넘치고 정답이 하나로 정해지지 않는 지금의 교실에서는 상황이 달라졌다. 이제 중요한 것은 지식의 양이 아니라, 그 지식을 어떻게 선택하고 연결하며 활용하느냐다. 교사가 정해준 방식이 아니라, 아이 스스로 학습의 방향을 선택하고 설계하는 능력이 성취도를 결정하는 시대가 된 것이다.

이 변화는 단순히 학습 방법의 변화가 아니라, 아이를 바라보는 교육의 시선 자체가 달라졌다는 증거다. 이제 교실은 지식을 받아적는 공간이 아니라, 질문하고 탐색하는 공간으로 바뀌고 있다. 잘 듣는 학생보다, '배움을 스스로 설계하는 학습자'가 교육의 중심이 되고 있다.

🤖 정보는 넘쳐나는데, 판단력은 더 중요해졌다

요즘 아이들은 태블릿을 켜는 순간 수십만 개의 정보와 마주하게 된다. 알고 있는 것보다 '어떤 정보를 선택해야 하는지'가 더 중요해진 시대다. 정보는 쉽게 찾을 수 있지만, 무엇이 맞는지 판단하지 못한다면 학습이 아니라 혼란만 커진다.

AI 역시 많은 정보를 보여줄 수는 있지만, 무엇을 이해해야 하는지, 어떤 것이 중요한지는 아이가 스스로 결정해야 한다. 결국 지금의 학습 환경에서 가장 필요한 힘은 정보를 모으는 능력이 아니라 '판단하고 정리하는 힘', 즉 자기주도적인 사고력이다.

🤖 모든 아이에게 똑같은 방식은 이제 통하지 않는다

아이마다 학습 속도와 이해 방식은 모두 다르다. 어떤 아이는 직접 풀어봐야 이해하고, 어떤 아이는 설명을 들어야 시작할 수 있다. 또 어떤 아이는 그림이나 표가 필요하다. 하나의 방식으로 모두를 가르치는 교육은 자연스럽게 힘을 잃고 있다.

'개인 맞춤형 학습'은 결국 아이가 스스로 학습 방식을 조절할 때 진짜 효과를 발휘한다. AI 역시 정답을 알려주는 기술이 아니라, 학습 경험을 조정해주는 기술로 발전하고 있다. 이 기술이 제대로 작동하려면 그 중심에 '스스로 배우는 힘', 즉 자기주도학습이 자리 잡고 있어야 한다.

🤖 직업은 바뀌지만, 배우는 힘은 남는다

앞으로의 세상에서는 지금 배우는 지식 중 일부가 빠르게 의미를 잃을 가능성이 크다. 그래서 미래 교육에서 중요한 질문은 "무엇을 가르칠까?"가 아니라 "어떻게 배우는 힘을 키울 수 있을까?"다.

기술이 바뀌어도 사라지지 않는 능력이 있다. 필요한 지식을 찾아내고, 버리고, 다시 익힐 수 있는 힘이다. 우리는 이것을 '평생 학습력'이라 부른다. 창의력, 문제 해결력, 비판적 사고력 같은 미래 역량 역시 수업을 듣는 것이 아니라 질문하고 실패하고 다시 시도하는 과정에서 자란다.

🤖 자기주도학습, 성공 기술이 아닌 생존력

자기주도학습은 공부를 잘하기 위한 기술이 아니다. 아이가 어떤 환경에서도 흔들리지 않고 삶을 설계할 수 있는 기본 생존력이다. 더불어 자기주도학습은 앞으로 학습을 지속할 수 있는 학습 지구력을 아이의 내면에 길러준다. 목표를 세우고, 방향을 조정하고, 실패해도 다시 시도할 수 있는 힘은 시험 점수 이상의 의미가 있다.

아이의 진짜 성장은 '얼마나 알고 있는가'가 아니라 '배우는 방식을 스스로 결정할 수 있는가'에서 시작된다. 자기주도학습은 초등 시기에 반드시 길러야 하는 학습 습관이자, 어떤 미래가 와도 그 아이를 지켜줄 가장 기초적인 힘이다. 학습자가 수동적으로 되기 쉬운 AI 시대에 자기주도학습 능력은 학습자가 학습의 주체가 되기 위해 꼭 갖추어야 하는 역량이다.

AI와 함께 키우는
자기주도학습

지금 아이들의 학습 환경은 과거와는 전혀 다르다. 태블릿, AI 디지털 교육자료, 다양한 학습 앱은 이제 익숙한 도구가 되었고, 교실 안에서도 AI의 도움을 받는 일이 점점 자연스러워지고 있다. 아이들은 수업을 듣기 이전부터 이미 디지털 환경을 사용할 줄 아는 세대이며, 정보를 찾는 속도는 빨라졌고 배움의 범위는 교실 밖으로 자연스럽게 확장되고 있다.

인공지능이 학습의 중심에 들어오면서 단순히 수업 방식만 달라진 것이 아니라 학습의 구조 자체가 '교사 중심 → 학습자 중심'으로 이동하고 있다. 과거의 교실에서는 교사가 내용을 전달했고 아이는 그것을 받아들이는 방식이었지만, 이제는 '어떤 방식으로 학습을 진행할지'에 대한 결정권이 점점 아이에게로 넘어가고 있다.

🤖 중요한 것은 'AI 사용법'이 아니라 'AI와 배우는 태도'

AI가 학습을 돕는 시대라고 해서 AI를 많이 활용하는 것이 곧 학습 능력이라는 뜻은 아니다. 이제 중요한 기준은 'AI를 사용할 줄 아는가'가 아니라 'AI와 함께 배우는 법을 아는가'다. AI는 아이의 수준과 흥미, 학습 속도에 맞추어 내용을 조정해줄 수 있지만, 그 내용을 선택하고 판단하는 주체는 여전히 아이 자신이다.

AI는 문제를 풀어주고 요약을 제공할 수 있지만, 그 내용을 이해하고 내 것으로 만드는 과정은 여전히 학습자의 몫이다. AI가 능력을 발휘할수록 학습 과정의 주도권은 오히려 아이에게 더 강하게 요구된다. 결과보다 과정을 성찰하고, 학습을 '받아들이는' 것이 아니라 '설계할 수 있는' 태도 역시 AI 시대에 필요한 자기주도학습의 핵심 역량이다.

즉 AI는 자기주도학습을 대신해주는 기술이 아니라, 오히려 그 힘을 훈련할 수 있는 환경이다. 정답은 빠르게 제시해줄 수 있지만, 왜 틀렸는지, 어떤 방식이 나에게 더 잘 맞는지까지 판단해주는 기술은 아직 없다. 그 판단을 스스로 하는 순간, 아이는 이미 자기주도학습을 시작한 것이다.

🤖 AI 시대, 아이는 '학습 설계자'가 된다

인공지능이 교사처럼 피드백을 제공하는 시대에는 채점과 오답 분석이 빠르게 이루어진다. 이 역할은 AI가 이미 능숙하게 수행하고 있다. 그렇다면 아이가 맡아야 할 역할은 달라진다. 단순한 지식 소비자가 아니라 학습의 방향을 설계하고 조정하는 학습 설계자가 되어야 한다.

AI가 분석해주는 학습 데이터를 참고해 '어디에서 막혔는지', '어떤 방식이 나에게 잘 맞았는지', '다음에는 어떻게 시도하면 좋을지' 스스로 결정할 수 있다면, 아이는 이미 자기주도학습의 출발선에 서 있는 것이다.

AI와 협력하며 배우는 습관은 아이 안에 '생각의 방향을 스스로 선택하는 힘'을 훈련하게 만든다. 결국 AI는 자기주도학습을 위협하는 기술이 아니라, 학습 과정의 주도권이 누구에게 있는지를 끊임없이 되묻게 만드는 기술이다.

AI 루틴으로 자라는 아이:
목표 설정부터 피드백까지

'성장 루틴Growth Routine'이란, 아이가 스스로 발전할 수 있도록 학습과 생활 습관을 구조화하는 일상의 틀을 말한다. 단기간의 성과보다 매일 조금씩 성장할 수 있는 '나만의 일과표'를 만들어 꾸준히 실천하는 것이 핵심이다. 루틴은 단순한 습관이 아니라, 아이의 삶 속에 학습을 자연스럽게 녹여내는 장치다. 이제 아이들은 AI를 학습 도구로 활용하는 시대에 살고 있다. AI는 학습 목표를 세분화하고 일정을 조정하며 실시간 피드백을 제공해 루틴을 효율적으로 설계하도록 돕는다. 중요한 것은 이러한 기술을 통해 아이가 스스로 학습 과정을 점검하고 성취감을 느끼며 성장해간다는 점이다.

🤖 목표 설정 도우미로 활용하기

아이에게 막연히 "공부해!"라고 말하기보다는, 구체적인 목표를 세우고 스스로 동기를 느끼도록 돕는 일이 중요하다. AI는 학습자의 나이와 관심사, 현재 수준을 고려해 실현할 수 있는 목표를 설계하도록 지원한다. 이 과정을 통해 아이는 왜 공부하는지, 무엇을 향해 나아가는지를 분명히 인식할 수 있다. 이러한 과정을 통해 아이는 '내가 세운 목표'를 중심으로 학습 계획을 세우게 된다.

'EBS 펭톡'을 활용해 자신의 발음을 점검하고 목표 점수를 설정한다. '똑똑! 수학탐험대'의 평가 시스템을 활용해 자신의 실력을 점검하고 목표를 정한다.

🤖 루틴 구성 아이디어 받기

좋은 루틴은 지나치게 복잡하지 않으면서도 반복할 수 있어야 한다. 아침-점심-저녁-밤, 하루의 흐름에 따라 학습과 생활을 나누고, 그 안에 실천할 수 있는 작은 활동들을 배치하는 것이 효과적이다. AI에게 시간대별 아이디어를 요청하면, 아침에는 10분 책 읽기, 점심시간이나 방과 후에는 세 줄 글쓰기와 영어 단어 5개 공부하기, 저녁에는 수학 10문제 풀기, 자기 전에는 일기 쓰기처럼 활동을 구체화할 수 있다. 이렇게 루틴을 표로 정리해 눈에 보이게 만들면 실천에 대한 동기와 의지가 훨씬 강해진다. 특히, '매일 조금씩 하는'

확인	하루	시간	학습 활동	AI 활용 방법
☐	아침	10분	독서	오늘 읽은 내용의 핵심을 한 문장으로 AI에게 말해 보기
☐	점심	5분	세 줄 글쓰기	쓴 글을 AI에게 보여주고 고쳐볼 표현 질문하기
☐		5분	영어 단어 5개	단어 뜻 가리기 퀴즈나 문장 만들기 요청
☐	저녁	10분	수학 문제 10개	틀린 문제의 이유를 AI에게 설명해 달라고 요청
☐	밤	20분	일기 쓰기	오늘 하루를 글로 쓰고 AI에게 나의 하루에 대한 느낌과 의견 묻기

AI 활용 루틴 구성 예시

학습은 아이에게 안정감과 성취감을 동시에 제공한다.

기록 + 피드백 받기

AI를 활용한 학습의 큰 장점 중 하나는 '기록'과 '피드백'이다. 아이가 문제를 풀거나 학습 활동을 하면, AI 프로그램이 자동으로 채점해주고 그 결과를 누적해 기록해준다. 따로 점검하거나 정리하지 않아도 학습의 흐름이 자연스럽게 저장되고, 그에 맞춰 다음 활동이 자동으로 연결된다. 이렇게 AI는 학습자의 수준에 따라 보충 학습이나 발전 학습을 제안하며, 아이에게 꼭 맞는 학습 루트를 만들어준다. 또한 아이가 직접 AI에게 질문을 던지는 것만으로도 의미 있는 피드백을 받을 수 있다.

"오늘 책 10분 읽고 일기도 썼는데, 더 잘하려면 어떻게 해야 할까?"

"이렇게 실천했는데 다음에는 어떤 활동을 하면 좋을까?"

이처럼 AI는 아이가 스스로 학습을 점검하고, 다음 단계를 계획할 수 있도록 격려와 방향을 제시하는 조력자가 되어준다. 중요한 것은 꾸준히 실천하는 힘이다.

성장 동기 부여 및 지속 가능성 제공

자기주도적인 학습이 일어나기 위해서는 학습에 대한 동기와 욕구가 무엇보다 중요하다. AI는 학습자의 발달 과정과 결과를 표와 그래프의 형식으로 일목요연하게 정리해 보여준다. 이러한 시각화는 학습자에게 '나는 지금 어디쯤 와 있나'를 자각하게 해주며, 다음 목표를 스스로 설정하도록 돕는다.

현 상태를 눈으로 확인하고 나면, 아이는 자연스럽게 '어떻게 더 나아갈까'를 고민하게 된다. 목표를 설정하고 실천하면서, AI는 그 과정을 끊임없이 점검하고 안내해준다. 이렇게 반복되는 점검과 피드백 속에서, 아이의 내면에는 목표 의식과 실천력이 차곡차곡 쌓인다. 이처럼 AI를 활용해 '성장 루틴'을 스스로 설계하고 실천하는 경험은, 결국 자기주도적인 학습으로 이어진다.

우리 아이만의
AI 루틴 만들기 실전 예시

AI를 활용한 학습은 무분별하게 사용하는 것보다 일정한 규칙과 루틴을 가지고 시행하는 것이 좋다. 이때 먼저 생각해야 할 것은 AI 디지털 기기를 사용해 학습하는 이유와 목적, 그리고 목표다. 활용의 목표가 분명하다면 효과도 높아질 수 있다. 반대로 아무런 목표와 목적 없이 막연하게 AI 디지털 교육을 한다면 방향을 잃고 말 것이다. 그렇다면 우리가 가져야 할 규칙과 AI 루틴은 무엇일까?

먼저 '우리 아이만의 AI 루틴 만들기'는 아이가 AI를 일상에서 건강하고 유익하게 활용하도록 도와주는 습관 형성을 의미한다. 이는 AI 활용의 긍정적인 측면을 극대화하는 데 방점이 있다. AI는 잘 활용하면 약이 되고 도움이 되지만, 잘못 활용하면 독이 되고 해가 되기 때문이다.

학습적인 측면에서 '우리 아이만의 AI 루틴'을 살펴보면, 등교 전에 AI를 활용해 하루 일정을 점검하는 것부터 시작할 수 있다. 구글 캘린더나 네이버 캘린더처럼 일정 관리 앱에 AI 비서 기능을 함께 활용하면, 오늘의 시간표와 개인 일정이 한눈에 정리된다. 이때 AI는 공부를 대신해주는 존재가 아니라, 아이가 스스로 하루를 계획하도록 돕는 '정리 도구'에 가깝다.

학교 수업을 마친 뒤 집에 돌아와서는 복습이나 숙제를 할 때 AI 프로그램을 참고 도구로 활용할 수 있다. 예를 들어 듀오링고와 같은 AI 기반 학습 앱으로 영어를 연습하거나, EBS의 AI 펭톡을 통해 말하기 연습을 할 수 있다. 국어 영역에서는 네이버 맞춤법 검사기나 구글 문서의 자동 수정 기능을 활용해 아이가 쓴 글을 스스로 점검해보는 연습이 가능하다. 여가 시간에는 국립어린이청소년도서관의 AI 도서 추천 서비스나 책열매를 활용해 수준에 맞는 책을 고르고, 읽은 내용을 정리해 보는 활동도 할 수 있다. 이러한 활용이 적절히 이루어진다면, AI는 학습자에게 유용한 보조 도구가 될 수 있다.

하지만 이 지점에서 중요한 역할을 하는 사람은 부모다. 부모는 아이가 AI를 올바르게 사용할 수 있도록 기준을 함께 만들어주는 안내자가 되어야 한다. 이런 기준이 반복될수록 아이는 AI에 의존하지 않고, 스스로 생각하는 힘을 기르게 된다.

🤖 AI 루틴 만들기 실전 예시

등교 전 루틴	- 오늘의 일정 확인하기 - 과제와 준비물 확인하기 - 날씨 및 감정 상태 체크
방과 후 루틴	- AI활용 과제 체크 및 시행 - AI 글쓰기: 일기나 이야기 만들기, 맞춤법 체크 - 영어 학습 활용하기: 발음이나 억양 체크, 대화 주고받기 - AI 게임 활용 수학 학습 - 다음 날 준비물 및 과제 체크

평일 루틴 구성 예시

아침 루틴	- 오늘의 일정 확인하기 - 날씨 및 감정 상태 체크 - 오늘의 목표 나누기
오후 루틴	- AI 추천 도서 읽어보기 - AI 이야기 창작하기 - AI 외국어 학습 - AI 자기주도학습하기
저녁 루틴	- AI 주말 일기 쓰기 - 독서록 기록하기 - 내일 할 일 체크하기 - AI와 함께 영어 동화 읽기

주말 루틴 구성 예시

🤖 AI 활용 교육 사이트 실천 가이드

AI 학습을 시작할 때 학부모님들이 가장 많이 묻는 질문은 "어떤 사이트가 제일 좋아요?"라는 말이다. 물론 좋은 AI 도구를 고르는 일도 중요하지만, 더 중요한 것은 어떤 태도로 활용하느냐다. AI는 아이에게 학습의 방향을 제시해줄 수 있지만, 계획을 세우고 꾸준히 실천하는 주체는 결국 아이 자신이다. 따라서 부모가 해야 할 일은 AI가 제시한 결과를 함께 살펴보고 대화하며, 아이가 스스로 학습 전략을 세우도록 돕는 것이다.

부모가 기억해야 할 세 가지 실천 포인트

① AI와 함께 대화하는 시간을 만들자. AI가 제시한 분석이나 피드백을 보며 "이 부분이 어렵다고 나왔네, 너는 어땠어?"라고 한 번 더 물어보자. 짧은 대화만으로도 아이는 피드백을 받아들이고 생각을 정리하는 연습을 하게 된다.

② 목표는 아이가 직접 세우게 하자. AI가 추천한 학습량을 그대로 따르기보다, 무엇을 먼저 해볼지 아이에게 물어보자. 작은 선택의 경험이 쌓일수록 아이는 학습의 주도권을 자연스럽게 느끼게 된다.

③ 균형 있는 디지털 습관을 함께 세우자. AI 학습도 과하면 집중력이 떨어질 수 있다. '30분 집중, 10분 휴식'처럼 간단한 기준을 정하고, 학습이 끝나면 "오늘은 여기까지, 수고했어"라는 말로 마무리하자. 좋은 마무리는 다음 학습을 기대하게 만든다.

요일	오늘의 학습 목표	AI 학습 활동 (사이트·앱)	오늘 배운 내용 한 줄 요약	부모의 피드백/ 대화 기록
월요일	분수의 덧셈 이해하기	EBS AI DANCHOO+	분수를 통분해서 더할 수 있었다	"오늘 통분을 잘했구나! AI가 뭐라고 칭찬했어?"
화요일	영어 발음 연습	펭톡 AI 영어	'th' 발음을 연습했어요	"네가 직접 AI랑 대화한 게 멋졌어!"
수요일	교과 복습 (사회)	뤼튼 AI	대한민국의 기후 특 징을 정리했어요	"교과 내용이랑 연결해서 복습한 게 좋았어."
목요일	약점 보완하기	똑똑! 수학탐험대	곱셈 문제를 다시 풀었어요	"AI가 알려준 약점을 네가 직접 고쳤네!"
금요일	주간 복습 & 점검	챗GPT 제미나이	이번 주 학습 결과 를 확인했어요	"한 주 동안 꾸준히 한 게 대단해."

주간 AI 학습 루틴표 예시

항목	실천 여부	메모
AI 학습 시간을 스스로 정했다	☐	
AI가 제시한 피드백을 함께 확인했다	☐	
학습 후 짧은 대화를 나눴다	☐	
디지털 휴식 시간을 지켰다	☐	
주간 목표를 모두 달성했다	☐	

주간 점검표 예시

자녀를 위한 부모의 대화

아이가 AI를 활용해 학습할 때, 부모의 역할은 답을 대신 확인해주는 사람이 아니라 사고를 확장시키는 조력자다. AI가 제시한 결과를 그대로 받아들이게 하기보다, 아이가 무엇을 이해했고, 어떤 방식으로 사고했는지를 묻는 질문이 중요하다. 부모의 질문은 정답 유무를 가리는 데 있지 않다. 아이의 이해도·비판적 사고·근거 탐색·자기표현을 키우는 방향이어야 한다.

이해를 점검하는 질문

AI가 뭐라고 설명했는지 한 문장으로 말해볼래?

오늘 배운 걸 한 문장으로 말해본다면?

비판적 사고를 기르는 질문

"AI의 답을 완전히 믿어도 될까?"

"혹시 틀릴 수도 있는 부분은 뭐야?"

"같은 질문을 다른 방식으로 물어보면 답이 바뀔까?"

근거와 신뢰성을 묻는 질문

"AI가 이렇게 말한 이유는 어디에서 찾을 수 있을까?"

"이 답에 근거가 있다고 생각해?"

🔍 핵심 정리와 확장을 돕는 질문

"가장 중요한 핵심은 뭐라고 생각해?"

"AI가 빠뜨린 내용은 없을까?"

"어떤 부분이 제일 재미있었어?"

"어려웠던 점은 있었어?"

🔍 자기 생각과 주체성을 키우는 질문

"AI 답과 네 생각 중 뭐가 달라?"

"왜 그렇게 다르다고 생각해?"

"이 글에서 네 생각이 가장 잘 드러난 부분은 어디야?"

"이 문장을 네 표현으로 바꾼다면 어떻게 바꿀 수 있을까?"

🔍 학습 동기를 살리는 질문

"AI가 알려준 피드백 중 도움이 된 건 뭐야?"

"다음엔 어떤 걸 배우고 싶어?"

"오늘 AI 덕분에 새롭게 알게 된 것 한 가지는 뭐야?"

"오늘 스스로 해낸 건 뭐야?"

학습 결과보다 중요한
'기록하고 피드백받는 힘'

루틴은 실천으로 끝나지 않는다. 아이가 오늘 무엇을 했는지 돌아보는 순간부터 진짜 학습이 시작된다. 기록은 아이의 생각을 밖으로 꺼내주는 창이고, 피드백은 그 생각을 성장으로 이끄는 다리다. 그래서 루틴은 '실천 → 기록 → 피드백 → 다시 계획'으로 이어질 때 비로소 자기주도학습이 된다. 결국 중요한 것은 정답을 맞히는 능력이 아니라, '나는 어떻게 생각했는가'를 남기는 힘이다.

요즘 아이들은 AI를 활용한 학습 환경에 익숙하다. 모르는 문제를 AI에 물으면 설명과 정답이 곧바로 주어진다. 학습은 빠르고 효율적으로 느껴질 수 있지만, 그만큼 '맞았는지 틀렸는지'만 확인하고 왜 그렇게 생각했는지를 돌아보는 과정은 쉽게 생략되기 쉽다.

자기주도학습은 정답에 이르기까지의 사고 과정을 이해하고 돌아보는 데서 시작된다. 그래서 AI 시대에는 사고 과정을 자연스럽게 기록하고, 그 기록을 바탕으로 피드백을 주고받을 수 있는 구조가 더욱 중요해졌다. AI는 답을 알려줄 수는 있지만, 어디에서 막혔는지, 왜 그런 선택을 했는지까지 대신 생각해주지는 못한다. 이럴 때 간단하게라도 '어떻게 생각했는지'를 남기는 습관은 정답 이상의 가치를 지닌다. 예를 들어 문제를 푼 뒤 이렇게 적어볼 수 있다.

"처음엔 헷갈렸지만 그림을 보니 이해가 됐다."
"AI 설명은 이해가 잘되지 않았지만, 예시를 다시 보니 알겠다."
"친구 도움을 받아 풀었는데 아직 혼자 풀 자신은 없다."

이처럼 한두 줄의 기록만으로도 아이는 자신의 사고 과정을 정리할 수 있고, 비슷한 문제를 다시 만났을 때 더 빠르게 이해할 수 있다. 자기주도학습은 이렇게 '생각의 흔적'을 남기는 데서 시작된다.

🤖 AI 피드백과 인간 피드백의 결정적 차이

AI는 친절하게 설명을 해주고, 다른 예시도 보여줄 수 있다. 하지만 아이의 감정 상태나 태도, 지금 이 지점에서 어떤 격려가 필요한지까지는 판단하지 못한다. 그래서 부모나 교사의 역할은 여전히 중요하다. 기록은 이 역할을 더 정확하게 수행할 수 있게 도와준다. 기록된 생각이 있어야, 아이의 학습 과정을 구체적으로 바라볼 수 있다.

아이의 노트를 보며 막힌 지점을 짚어주고, 그때의 감정이나 스스로 다시 설명해본 과정을 인정해 주는 말 한마디만으로도 학습의 주도권은 아이에게 돌아간다. 이런 피드백은 단순한 분석을 넘어, 아이가 자신의 사고 과정을 인식하도록 돕는다.

자기주도학습은 바로 이 순간, 스스로의 생각 흐름을 알아차리는 데서 시작되기 때문이다. 사고 과정과 정서를 함께 살펴보는 피드백은 채점에 그치지 않고, 아이와 함께 성장의 방향을 설계하는 시간이 된다. 결과 중심의 학습이 성장 중심의 학습으로 전환되는 지점이 바로 여기에 있다.

🤖 정답보다 중요한 생각하고 말하는 힘

AI가 정답과 설명을 빠르게 제시하는 시대일수록, 중요한 것은 생각을 정리해 말로 표현하고 피드백을 받아들이는 힘이다. 이 힘은 작은 기록과 피드백의 반복 속에서 자란다. 자신의 생각이나 헷갈린 지점을 말할 수 있다면, 아이는 이미 자기 사고의 위치를 아는 학습자다. 학습은 정답에서 끝나지 않고, 과정에 대한 이해로 완성된다. 기록과 피드백이 쌓일수록 아이는 '공부하는 학생'을 넘어 배움을 설계하는 학습자로 성장한다.

스스로 생각하는 아이를 만드는
세 가지 질문법

우리는 종종 '스스로 생각하는 아이'를 기른다고 말한다. 하지만 여기서 말하는 자기주도성은 단순히 혼자 행동하거나 지시 없이 움직이는 태도를 뜻하지 않는다. 중요한 것은 누가 시키지 않아도 스스로 문제를 인식하고, 판단하고, 행동할 수 있는 힘이다. 다시 말해, 다른 사람의 말이나 분위기에 쉽게 휘둘리지 않고 자기만의 생각을 세워갈 수 있는 아이가 바로 우리가 바라는 모습이다.

이런 아이는 어떻게 자라날까? 답은 의외로 단순하다. 아이에게 정답을 알려주기보다, 스스로 생각해볼 수 있는 질문을 건네는 것이다. 아이가 자신의 생각을 말하고, 판단하고, 선택해보는 경험은 대부분 질문에서 시작된다. 질문은 아이의 사고를 멈추게 하지 않고, 한 번 더 생각하게 만드는 힘을 지닌다. 무엇을 가르치기 전에 질문을 던지는 것, 그것이 아이가 스스로 사고하도록 돕는 가장 첫 번째 단계다. 다음에 소개할 세 가지 질문은 아이가 자기 생각을 세우고, 판단하며, 행동으로 옮기는 힘을 기르는 데 도움이 될 것이다.

[이유를 묻는 질문] 왜 그렇게 생각했어?

아이가 어떤 선택이나 의견을 말했을 때, 이유를 묻는 질문은 생각의 근거를 찾게 한다. 단순히 '좋다', '싫다'는 감정적 반응에 머무르지 않고, 자신의 생각을 논리적으로 설명하는 연습이 된다. 이는 단순한 흉내가 아니라, 진짜 '자기 생각'을 만들어가는 과정이다.

예를 들어, 아이가 전시회에서 초록색으로 가득 찬 그림을 보고 "이 그림이 제일 좋아"라고 말했다면, "초록색이 마음에 들었구나. 왜 그런 느낌이 들었을까?"라고 물어볼 수 있다. 또, 여러 색깔의 블록 중 노란 블록을 집었다면 "노란색을 골랐네. 왜 노란색이 좋았어?"라고 물어보는 것도 좋다.

처음에는 아이가 어설프게 대답할 수 있지만, 점차 자신의 판단과 감정을 연결하는 힘을 기르게 된다. 이는 스스로 생각하는 힘을 키우는 데 매우 중요한 발판이 된다.

🤖 [창의적 사고를 여는 질문] 다른 방법도 있을까?

이 질문은 하나의 정답에 머무르지 않고, 문제를 다양한 시각에서 바라보게 한다. 아이는 사고의 유연성을 기르며, 이는 창의적인 문제 해결력의 기반이 된다.

예를 들어, 아이가 수학 문제를 풀면서 "이건 이렇게 풀었어"라고 말했다면, "좋아. 그런데 이 문제를 다른 방법으로도 풀 수 있을까?"라고 물어볼 수 있다. 또, 친구와 다툰 뒤 "그냥 말을 안 했어"라고 했을 때는 "그럴 수도 있지. 그런데 그 상황에서 또 다른 방법이 있었을까?"라고 질문해보면 좋다.

이런 질문을 자주 접한 아이는 실수를 두려워하지 않고, 실패 속에서도 새로운 시도를 해보는 용기를 얻게 된다. 생각을 확장해보는 경험이 쌓이면서 아이는 '틀릴까 봐' 주저하지 않고, 다양한 가능성에 열린 태도를 갖게 된다.

🤖 [입장을 바꾸는 질문] 네가 ○○라면 어떻게 할까?

이 질문은 공감과 비판적 사고를 동시에 자극한다. 아이는 자신의 시선만이 아니라 타인의 입장에서 상황을 바라보는 훈련을 하게 된다. 이를 통해 생각의 깊이가 더해지고, 사회적 감수성도 함께 자라난다. 예를 들어 "만약 네가 선생님이라면 어떻게 설명했을까?", "그 상황에서 네가 친구였다면 그 말이 어떻게 들렸을까?", "그 일을 네가 직접 겪었다면 어떻게 했을까?" 같은 질문은 단순히 정답을 찾는 수준을 넘어 삶의 태도를 배우게 한다.

많은 어른은 아이의 말에 곧바로 반응한다. "그건 아니야", "이게 더 낫지 않니?", "그렇게 하면 안 되지"와 같은 말로 판단을 대신하는 경우가 많다. 그러나 정답을 알려주기보다 질문을 던지고 기다리는 태도가 아이를 진정한 '생각하는 사람'으로 이끈다.

질문한 뒤 기다려주는 시간, 아이의 말이 서툴러도 끝까지 들어주는 인내심, 그것이 아이에게 사고의 여지를 준다. 어설프더라도 자기 생각을 말해보는 경험, 그것이 곧 배움이다. 아이의 뇌는 정답을 들을 때보다, 스스로 답을 찾을 때 더 활발히 움직인다. 그러니 '말해주는 어른'보다 '물어보는 어른'이 될 필요가 있다. 질문하는 어른이 생각하는 아이를 만든다.

자기주도학습을 실천하는
부모 코칭법

기록과 피드백 습관은 특별한 기술이 필요하지 않다. 아이의 생각을 자연스럽게 이끌어주는 몇 가지 질문과 태도만으로도 충분히 시작할 수 있다. 질문을 통해 아이는 자신의 사고를 돌아보는 힘을 기르게 되고, 반복되는 기록 속에서 생각의 흐름을 남기는 법을 배운다. 처음에는 서툴더라도, 그 흔적은 곧 스스로 성장하는 발판이 된다. 정답보다 중요한 것은 과정의 기록이다. 기록은 단순한 메모가 아니라, 아이의 사고와 성장을 이어주는 매개다. 그리고 그 기록을 바탕으로 주고받는 피드백은 결과에 머물던 학습을 성장 중심의 학습으로 전환시킨다.

실천 방법	간단한 설명과 예시
한 줄 메모 유도	"왜 그렇게 생각했는지 한 줄만 써볼까?"
반성 노트 만들기	"이번 문제 풀 때 AI가 도와준 건 뭐였어?"
비교 질문 하기	"AI 설명이랑 네 생각이랑 뭐가 달랐어?"
생각 대화 자주 하기	"결과보다, 네가 고민한 과정이 훨씬 멋졌어."

자기주도성을 키우는 부모의 질문

AI가 답을 제시하는 시대일수록, 더 중요해지는 힘은 '내가 어떻게 생각했는지'를 남기고 되돌아보는 능력이다. 이 힘을 길러주는 것이야말로, 부모가 아이에게 해줄 수 있는 가장 깊고 따뜻한 학습 지원이다.

🤖 AI를 활용한 학습에서 주의해야 할 요소

아이가 AI를 활용해 자기주도학습을 할 때 가장 주의해야 할 점은 AI가 제공한 답을 그대로 받아들이는 '수동적 학습'으로 전환되는 것을 막는 것이다. AI는 원하는 정보를 빠르게 제공하고 복잡한 개념을 쉽게 풀어 설명해주는 장점이 있지만, 그 편리함 때문에 스스로 사고하는 과정을 생략하게 되면 배움의 깊이는 오히려 얕아질 수 있다. 자기주도학습의 핵심은 정답을 얻는 것이 아니라, 해결 과정 속에서 질문하고, 연결하고, 이해하고, 자신만의 생각을 만들어가는 데 있기 때문이다.

🤖 AI의 답을 '정답'으로 단정하지 않기

AI는 종종 그럴듯하지만 부정확한 내용을 제시하기도 하며, 출처가 모호한 정보를 사실처럼 말하기도 한다. 따라서 AI의 설명이 진짜로 옳은지 확인하는 과정 없이 곧바로 받아들이는 것은 위험하다. AI의 답을 참고 자료 중 하나로 여기고, "왜 이 답이 맞는지"를 스스로 설명해보는 과정이 필요하다.

결과보다 사고 과정에 집중하기

AI가 답을 알려주는 순간 학습자는 문제를 직접 탐구할 기회를 잃을 수 있다. 자기주도학습에서는 정답보다 정답에 이르는 사고의 흐름이 더 중요하다. AI의 도움을 받더라도, 답이 도출된 원리와 과정, 다른 해결 방법이 가능한지 등을 학습자가 스스로 탐색하도록 이끌어야 한다.

정보의 신뢰성과 출처 확인하기

AI는 교과 지식과 최신 연구, 공신력 있는 기관의 내용을 기반으로 답변을 생성하기도 하지만, 항상 근거를 명시하는 것은 아니다. AI가 제시하는 정보가 교과서와 일치하는지, 통계나 역사적 사실의 출처가 무엇인지, 왜 그렇게 설명하는지 확인하는 습관이 필요하다. 이는 디지털 시대의 핵심 역량인 '정보 판별 능력'을 기르는 데 중요한 역할을 한다.

모든 과제를 AI에게 맡기지 않기

요약, 개념 정리, 아이디어 생성, 글쓰기, 문제 풀이 등 거의 모든 영역을 AI가 대신해줄 수 있지만, 학습자가 직접 사고하고 표현해야 할 과정까지 AI가 대체하게 되면 학습의 의미가 약해진다. 글쓰기라면 아이디어를 정리하고 표현하는 문장을 직접 써보는 것, 수학 문제라면 풀이 과정의 첫 단계와 전략을 스스로 세워보는 것이 반드시 포함되어야 한다.

학습의 주도권을 AI가 아닌 학습자가 갖기

AI가 무엇이라고 말했는가에 집중하기보다, 그 답을 보고 학습자가 무엇을 느꼈는지, 어떤 부분에 동의했는지, 어떤 점이 의문으로 남았는지를 살펴보는 것이 더 중요하다. 자기주도학습은 결국 스스로 생각하고 선택해 본 경험이 차곡차곡 쌓이면서 자라난다.

이 원칙을 지킬 때 AI는 학습을 대신해 주는 존재가 아니라, 사고를 더 깊고 넓게 확장하도록 돕는 촉매제가 된다. 반대로 이 기준이 흐려지면 AI는 사고를 키우는 도구가 아니라, 생각을 멈추게 만드는 장치가 될 수도 있다. AI 시대의 자기주도학습은 "AI 덕분에 빨리 배웠다"가 아니라, "AI를 활용했기 때문에 더 깊이 이해했다"라고 말할 수 있는 방향을 지향해야 한다.

학습 집중력을 높이는 환경 셋업법

아이들이 공부에 몰입하기 어려워하는 이유 중 하나는 주변 환경이 학습에 적합하지 않기 때문이다. 학창 시절을 떠올려보면, 시시험 기간이 되면 가장 먼저 책상부터 정리했던 경험이 있을 것이다. 때로는 하루 종일 정리만 하다 공부는 제대로 시작하지 못했다는 이야기도 있을 정도다. 이처럼 집중을 방해하는 요소를 줄이고, '공부하기 좋은 환경'을 만들어 주는 일은 학습의 출발선이라고 할 수 있다.

과거에는 단순히 책상 위를 치우고 방을 정돈하는 것만으로도 충분했다. 하지만 요즘은 상황이 다르다. 아이들 주변에는 스마트폰, 태블릿 PC, 노트북 같은 디지털 기기가 늘 자리하고 있다. 공부에 필요한 도구이기도 하지만 동시에 집중을 깨뜨리는 가장 큰 원인이 되기도 한다. 따라서 부모는 물리적 정리뿐만 아니라 디지털 환경까지 포함한 통합적인 학습 환경 관리를 지원해야 한다.

필요한 것만 두기, 책상은 단순하게

책상은 아이가 학습에 몰입할 수 있는 가장 중요한 공간이다.

그러나 책상 위에 교재 외에도 장난감, 간식, 캐릭터 인형 등이 놓여 있다면 아이의 시선은 자연스럽게 분산된다. 오늘 공부할 과목의 교과서, 참고서, 필기도구만 책상 위에 올려 두고 나머지는 책장이나 서랍에 정리해 두는 것이 좋다. 아이가 스스로 필요한 교재를 선택해 책상을 준비하는 습관을 들이면, 학습의 시작이 훨씬 수월해진다.

시간 구조화하기, 리듬 있는 학습 습관

아이들은 긴 시간 집중하기 어렵다. 오히려 짧은 단위로 학습과 휴식을 반복할 때 집중력이 오래 유지된다. '25분 집중 + 5분 휴식'으로 대표되는 포모도로 기법은 효과적인 방법이다. 타이머나 알람을 활용해 학습과 휴식을 구분하고, 2~3세트를 연속으로 진행한 뒤에는 15분 정도 긴 휴식을 주면 좋다. 휴식 시간에는 간단히 스트레칭하거나 눈을 감고 쉬도록 하여 진짜 '쉼'을 경험하게 하는 것이 필요하다. 스마트폰 사용은 휴식이 아니라 또 다른 자극이 되기 쉽다는 점을 기억해야 한다.

디지털 기기 관리하기, 알림 차단과 거리 두기

오늘날 집중력을 떨어뜨리는 가장 큰 요인은 디지털 기기다. 공부 중 울리는 메시지 알림이나 유튜브 영상은 아이의 몰입을 순식간에 끊어버린다. 공부할 때는 스마트폰을 다른 방에 두거나, 최소한 알림은 모두 꺼두는 것이 좋다. 태블릿이나 노트북이 필요하다면 학습 앱이나 자료만 실행할 수 있도록 '공부 모드'를 설정한다. 가족 모두가 집중 시간에는 기기 사용을 줄이는 습관을 함께 실천하면 아이에게 더욱 큰 효과가 있다.

개인 맞춤 환경 만들기, 나에게 맞는 집중 방식 찾기

집중력을 높이는 방법은 아이마다 다르다. 어떤 아이는 타이머로 시간을 통제할 때 힘이 나고, 어떤 아이는 책상 위를 완전히 비워둘 때 더 편안함을 느낀다. 또 어떤 아이는 스탠드 불빛만 켜두고 공부할 때 집중이 잘되기도 한다. 조명, 책상과 의자의 높이, 소음 차단 여부 등을 다양하게 시도해 보면서 자신에게 맞는 학습 환경을 찾을 수 있도록 돕는 것이 필요하다. 아이가 스스로 가장 편안하고 집중이 잘된다고 느끼는 환경을 존중해주는 것이 중요하다.

디지털 학습
습관이
평생을 결정한다

디지털 습관이
평생 학습력을 결정한다

AI 시대의 학습은 단순히 새로운 기술을 익히는 일이 아니다. 아이들이 정보를 탐색하고 정리하며 활용하는 과정 속에서 사고방식과 문제 해결 습관이 함께 형성된다. 이때 만들어진 디지털 학습 습관은 성취를 넘어, 스스로 판단하고 조절하는 자기 관리 능력까지 영향을 미친다.

하버드 교육대학원의 하워드 가드너Howard Gardner 교수는 "21세기 교육의 핵심은 기억보다 '메타인지 능력', 즉 '생각을 관리하는 능력'"이라고 강조했다. 이러한 변화는 학습 방식에 그치지 않고, 아이가 세상을 바라보는 사고 구조 자체를 바꾼다.

🤖 디지털 기기보다 '활용 태도'가 더 중요하다

AI와 디지털 도구는 필요한 정보를 빠르게 찾아주고, 학습의 흐름을 기록하며, 실시간 피드백을 제공한다. 이 자체로도 학습 환경은 크게 향상되지만, 기기를 어떻게 활용하느냐는 전적으로 아이의 습관에 달려 있다. 단순히 '기기를 잘 다루는 아이'가 아니라, '기기를 학습의 도구로 삼는 아이'가 되어야 한다. 이는 사용 기술이 아니라 기기를 대하는 태도, 그리고 자기조절 능력과 직결된다.

2021 OECD 디지털 교육 전망 보고서2021 OECD Digital Education Outlook에 따르면, 디지털 학습 환경에서의 자기조절 역량은 학습자의 동기와 학업 성취에 중요한 영향을 미치는 핵심 요인으로 제시된다. 디지털 기기 사용 시간 자체보다, 사용 목적과 맥락이 더 중요하다는 연구도 다수 존재한다.

예를 들어 학습 앱 사용과 게임 사용은 똑같이 2시간이라 해도, 결과는 정반대의 방향으로 나타난다. 스마트 기기를 켜는 매 순간, 아이는 선택을 한다. 그 시간을 탐구와 창작의 기회로 삼을 것인지, 단순한 오락과 소비로 흘려보낼 것인지. 이 작은 선택이 학습 태도를 만들고, 결국 집중력, 계획력, 문제 해결력의 차이로 이어진다.

🤖 디지털 학습 습관은 인생 전략이다

디지털 학습 습관은 단순히 성적이나 입시 결과를 위한 도구가 아니다. 그것은 삶을 주도적으로 살아가기 위한 전략이며, 미래를 준비하는 기본 체력이다. 세계경제포럼World Economic Forum, WEF은 미래 인재에게 요구되는 역량으로 자기주도학습 능력, 비판적 사고력, 디지털 적응력을 꼽고 있다. 이 세 가지는 모두 디지털 환경에서 형성되는 습관과 직결된다. 지금 형성되는 디지털 학습 습관은 아이의 '평생 학습력Lifelong Learning Competence'으로 이어진다. 이는 단지 '공부를 잘하는 아이'를 만드는 것이 아니라, '스스로 배우고 성장할 줄 아는 사람'을 키우는 일이다.

어릴 때부터 AI와 디지털 기기를 건강하게 활용하고, 학습 목표를 스스로 세우고 관리할 수 있는 아이는 성인이 되어서도 변화하는 환경에 유연하게 적응하며 자기 삶의 경로를 주도적으로 만들어 갈 수 있다.

🤖 기술의 문제가 아니라 '삶의 태도'의 문제다

디지털 학습을 논할 때 우리는 자칫 기술 수준이나 IT 교육의 범위로 논점을 좁히기 쉽다. 그러나 디지털 학습 습관은 본질적으로 삶을 대하는 태도의 문제다. 기기를 통해 배우는 법을 익힌다는 것은 곧 세상과 연결되는 방식을 배우는 일이다. 정보를 수집하고 정리하며, 피드백을 받아들이고, 새로운 방향으로 전환하는 과정 모두가 디지털 문해력digital literacy이다.

미국 교육부는 디지털 문해력을 '디지털 환경 속에서 의미를 구성하고, 분석하고, 창조할 수 있는 능력'으로 정의하며, 21세기 핵심 역량으로 강조한다. 따라서 아이가 어릴 때부터 디지털 환경 속에서 균형 잡힌 학습 습관과 자기조절 능력을 기르는 것은, 단지 성적 향상이나 학업의 효율성을 높이는 일이 아니다. 그것은 결국 자신의 삶을 스스로 설계하고 이끌어갈 수 있는 힘을 키우는 일이다.

🤖 디지털 학습의 위험 요소

디지털 학습은 학습의 효율과 접근성을 높이고, 개별 맞춤형 수업을 구현할 수 있다는 점에서 중요한 가능성을 지닌다. 그러나 기술 중심의 활용이 지나치거나 균형이 갖춰지지 않을 경우, 학생의 학습과 발달에 예상치 못한 부정적 영향을 초래할 수 있다. 다음의 다섯 가지 위험 요소는 디지털 학습을 설계·운영할 때 반드시 고려해야 할 핵심 지점이다.

집중력 저하의 위험

디지털 환경은 짧고 강한 시각적·청각적 자극을 기반으로 한다. 이러한 특성은 학생들의 주의를 빠르게 끌어올 수 있지만, 한 가지 과제에 지속적으로 몰입하는 경험을 방해한다. 학습 중에도 알림, 추천 영상, 게임 배너 등 다양한 요소에 끊임없이 노출되면서 학생의 사고 흐름은 쉽게 끊기며, 장기적으로는 주의 지속 능력과 인내심이 약화될 수 있다.

문해력 및 사고력 약화의 위험

디지털 기기를 통한 정보 소비는 짧고 단편적인 방식으로 이루어지기 쉽다. 짧은 텍스트·시각 자료·요약 콘텐츠 중심으로 학습이 이루어질 경우, 깊이 있는 읽기와 의미 연결, 비판적 사고를 요구하는 학습 경험의 비중이 줄어든다. 그 결과, 학생이 텍스트의 구조를 파악하고 핵심을 스스로 도출하며, 복잡한 개념을 연결하는 능력이 점차 약해질 가능성이 있다.

학습의 수동화

AI가 해설과 요약을 제공하고 문제 해결 과정까지 안내해주는 디지털 학습 환경에서는 학생이 스스로 탐구하고 생각한 뒤 해결을 시도하는 과정이 줄어든다. 겉보기에는 학습 활동이 풍부해 보이지만, 실제로는 '스스로 생각한 시간'이 부족할 수 있다. 이러한 경험이 누적되면 학습은 점점 기술이 처리해주는 대상으로 바뀌고, 학생은 결과만 받아들이는 수동적 태도에 익숙해질 위험이 있다.

디지털 격차에 따른 교육 불평등 심화

디지털 학습에서 가장 큰 격차는 학생의 능력 차이보다 '환경의 차이'에서 비롯된다. 기기 성능, 인터넷 속도, 조용한 학습 환경, 기술 활용을 도와주는 보호자 유무 등은 학습 결과에 직접적으로 영향을 미칠 수 있다. 동일한 과제를 수행하더라도 환경 차이가 성취도 차이로 이어질 경우, 교육 격차는 더 심화될 수 있다.

정서·사회성 발달 저해의 위험

디지털 학습은 학생이 교사, 또래와 상호작용을 하는 경험을 제한할 수 있다. 질문하고 공감받고 협력하며 갈등을 해결하는 과정은 정서·사회성 발달에 핵심적인 역할을 하지만, 화면 기반 학습에서는 이러한 경험이 상대적으로 줄어든다. 장기적으로는 타인의 감정을 읽고 소통하는 능력, 협업 상황에서 역할을 조정하는 능력 등이 충분히 발달하지 못할 수 있다.

디지털 환경에서
아이를 지켜주는 여섯 가지 원칙

자녀의 스마트 기기 사용 문제는 많은 부모가 공통적으로 겪는 고민이다. 아이의 자율성을 존중하며 지켜보자니 불안과 답답함이 생기고, 사사건건 개입하자니 관계가 멀어질까 망설이게 된다. 그래서 부모는 늘 '얼마나 개입해야 할지', '어디까지 허용해야 할지' 사이에서 고민한다. 하지만 이 문제는 통제냐 방임이냐를 선택하는 일이 아니다. 두 극단 사이에서 아이에게 맞는 균형을 찾아가는 과정이 핵심이다. 지나친 통제는 아이의 반발을 부르고, 방임은 잘못된 사용 습관을 굳힐 수 있다. 아이가 스스로 조절하는 힘을 기를 때, 스마트 기기는 '통제의 대상'이 아니라 '학습과 성장의 도구'가 된다.

🤖 사용 시간 정하기

스마트 기기 사용 시간은 부모가 일방적으로 정하기보다, 아이와 함께 이야기하며 합의하는 방식이 더 효과적이다. 아이가 왜 그 시간이 적당한지 이해할 때 규칙은 오래 유지된다. 규칙을 정하는 과정에 참여한 경험은 책임감을 키우고, 제한받는다는 느낌도 줄여준다. 사용 시간은 눈에 보이게 만들수록 아이가 스스로 관리하기 쉽다. 냉장고나 벽, 책상 앞처럼 자주 보는 곳에 '사용 시간표'를 붙여두면 하루 흐름 속에서 자연스럽게 시간을 점검하게 된다. 규칙이 보이면, 아이는 시간을 지키는 행동을 억지가 아닌 습관으로 받아들인다.

핵심 요소

시간 규칙은 대화와 합의를 통해 만든다.
'숙제 후 1시간'처럼 구체적 기준을 제시한다.
사용 시간을 표로 시각화한다.
아이가 스스로 시간을 점검하는 구조를 만든다.

🤖 사용 장소 정하기

스마트 기기를 어디에서 사용하는지는 아이의 태도와 집중력을 결정짓는 중요한 요소다. 방 안처럼 폐쇄된 공간은 콘텐츠 관리가 어려워지고 사용 시간이 쉽게 늘어난다. 반면 거실이나 공부방처럼 열린 공간은 자연스러운 시선 관리가 가능해 아이 스스로도 "지금은 마음대로 노는 시간이 아니다"라는 감각을 갖게 된다.

집 안에 작은 '스마트 기기 학습 코너'를 만들어두면 더욱 좋다. 학습용 태블릿, 받침대, 필요한 책을 함께 두면 공간이 아이에게 "이곳에서는 학습 중심으로 기기를 쓴다"라는 메시지를 준다. 공간을 구분해주는 것만으로도 아이의 태도는 놀랍게 안정된다.

핵심 요소

스마트 기기 사용은 열린 공간에서 한다.
방 안 단독 사용은 최소화한다.
집 안에 '스마트 기기 학습 코너'를 만든다.
학습 공간과 여가 공간을 명확히 나눈다.

사용 시간 절제하기

시간 조절은 아이가 스스로 익혀야 할 중요한 능력이다. "그만!" 하고 끄게 하기보다, 아이가 시간을 예측하고 스스로 마무리하는 경험을 반복할 때 진짜 자기조절력이 생긴다.

타이머나 모래시계를 사용하면 시간의 흐름을 한눈에 볼 수 있어 아이에게 매우 도움이 된다. 종료 5분 전에 미리 알려주는 것만으로도 아이는 '이제 슬슬 마무리할 때구나'를 인식하게 된다. 종료 과정이 부드러울수록 규칙은 갈등 없이 자리 잡는다.

핵심 요소

강제 종료보다 아이 스스로 멈추는 경험을 만든다.

타이머·모래시계 등 시간 도구를 활용한다.

종료 5분 전 예고로 예측 가능한 마무리를 돕는다.

절제는 벌이 아니라 '조절력 연습'이라는 인식을 준다.

🤖 스마트 기기 없는 시간 만들기

스마트 기기 사용 습관을 건강하게 만드는 데 가장 큰 역할을 하는 것은 기기가 없는 시간을 일상에 자연스럽게 넣는 일이다. 식사 시간, 잠들기 전 1시간, 가족 대화 시간처럼 '기기 차단 시간대'를 정하면 하루 리듬이 고르게 만들어진다. 여기서 가장 중요한 것은 부모가 먼저 실천하는 모습이다. 부모가 스마트폰을 내려놓고 대화를 시작할 때 아이는 이 시간을 '벌칙'이 아니라 '우리 가족의 자연스러운 시간'으로 받아들인다. 기기를 대신할 간단한 활동이 있으면 아이는 기기 없이도 충분히 재미를 느끼게 된다.

핵심 요소

하루 중 일정 시간대는 기기를 완전히 내려놓는다.

부모가 먼저 실천하며 모범을 보인다.

독서·산책·보드게임 등 대체 활동을 마련한다.

기기 없는 시간을 쉼과 회복의 시간으로 만든다.

목적과 콘텐츠의 질 관리하기

기기 사용의 핵심은 '얼마나 오래?'가 아니라 '무엇을 위해?'다. 목적 없이 사용하는 시간은 금세 소모적으로 흐르고, 아이도 통제되지 않는 사용 패턴에 익숙해진다. 반대로 목적이 분명한 사용은 짧아도 충분히 의미 있다. 아이에게 지나치게 설명하려고 할 필요는 없다. "지금 뭘 찾고 있어?", "이건 어떤 내용이야?" 같은 짧은 질문만으로도 아이는 자신의 목적을 스스로 점검하게 된다. 또한 부모와 아이가 함께 추천 콘텐츠를 만들어두면 자극적이고 무의미한 영상 시청 시간을 자연스럽게 줄일 수 있다.

핵심 요소

'사용 목적'을 먼저 확인한다.
가벼운 질문으로 아이 스스로 점검하게 한다.
부모-아이 공동 추천 콘텐츠 목록을 만든다.
학습 콘텐츠는 짧게 보여주고, 이후 대화로 확장한다.

디지털 시민 의식과 건강 습관 기르기

스마트 기기는 단순히 사용법만 익힌다고 해결되는 도구가 아니다. 온라인 예절, 타인의 정보·이미지를 다루는 태도, 신체 건강 관리까지 함께 배워야 비로소 '올바른 디지털 사용'을 한다고 할 수 있다.

온라인 공간에서는 얼굴이 보이지 않기 때문에 표현 방식이 곧 인격으로 전달된다. 댓글을 쓸 때 상대를 존중하는 표현을 사용하고, 타인의 사진·영상을 올릴 때는 반드시 허락을 받아야 한다. 개인정보가 쉽게 노출되는 시대이기 때문에 기본적인 정보 보호 습관도 일찍부터 알려줘야 한다.

신체 건강 역시 중요한 요소다. 화면을 오래 보면 눈 피로, 두통, 거북목이 나타나기 쉽다. 화면을 눈높이에 맞추고, 일정 시간마다 스트레칭하는 '디지털 건강 루틴'을 만들어두면 기기를 오래 사용해도 몸의 부담을 줄일 수 있다.

핵심 요소

온라인 예절과 정보 보호의 기본을 알려준다.
타인의 사진·영상은 반드시 허락 후 사용한다.
눈높이·자세·스트레칭 등 건강 수칙을 지킨다.
디지털 시민성은 기술이 아니라 '태도'라는 점을 반복적으로 상기시킨다.

게임성 학습,
아이의 몰입을 학습으로 바꾸는 힘

게임성 학습Gamification of Learning은 단순히 게임을 활용해 재미를 더하는 방식이 아니다. 게임에 숨어 있는 규칙, 보상, 단계 성장 같은 구조를 학습에 적용함으로써 아이들이 가진 몰입력과 도전 정신을 자연스럽게 학습으로 연결하는 교육 전략이다. 게임성 학습은 크게 게임 기반 학습Game-based Learning과 게이미피케이션Gamification으로 나눌 수 있으며, 실제 교육 현장에서는 이 두 가지가 함께 어우러져 활용되는 경우가 많다. 아이들이 일상에서 경험하는 즐거움과 학습의 목표를 효과적으로 연결할 수 있다는 점에서, 게임성 학습은 최근 디지털 기반 교육에서 더욱 중요한 역할을 하고 있다.

✳ 게임 기반 학습

게임 기반 학습은 학습을 위해 특별히 제작된 게임을 사용하거나, 교육적 기능이 포함된 게임을 직접 활용하는 방식이다. 수학 문제를 풀면 캐릭터가 성장한다든지, 영어 단어를 맞히면 다음 단계로 넘어가거나, 역사 시뮬레이션 게임을 통해 사건의 흐름을 체험하는 식이다. 이 방식은 학습 콘텐츠가 게임 속 규칙·목표·피드백 구조와 직접 연결되기 때문에 반복하며 자연스럽게 학습 내용을 내면화하게 된다.

✳ 게이미피케이션

게이미피케이션은 기존 학습 활동에 게임 요소를 더해 학습 동기를 높이는 방법이다. 점수, 배지, 랭킹, 레벨업, 미션 수행 등이 그 예다. 퀴즈를 풀고 점수를 받거나, 학습 과제를 성공할 때마다 배지를 획득하고, 학급 내 '학습 보드'에 레벨업 결과가 표시되는 방식이다. 게임이 아닌 활동도 게임처럼 느껴지게 하여 자율성과 성취감을 자극한다는 점에서 많은 학교와 디지털 교육 콘텐츠에서 활용되고 있다.

🤖 재미와 배움이 만나는 지점, 게임성 학습

게임성 학습은 개념에 머무는 이론이 아니라, 이미 교실과 디지털 학습 환경 속에서 다양한 형태로 구현되고 있다. 특히 최근의 AI 기반 학습은 게임의 형식을 빌리되, 단순한 흥미 유발을 넘어서 학습 과정 자체를 하나의 경험으로 설계하는 데 초점을 둔다.

국내 사례로는 똑똑! 수학탐험대를 들 수 있다. 학생은 교과 학습과 AI 추천 활동을 수행하며 캐릭터를 성장시키고 보상을 얻는다.

문제를 푸는 과정이 다음 단계로 나아가기 위한 '탐험'이 되기 때문에, 학습 활동이 끊김 없이 이어진다.

해외에서는 듀오링고가 대표적이다. 듀오링고는 학습자의 반응과 오류 패턴을 AI가 분석해 문제의 난이도와 복습 시점을 조정한다. 레벨과 연속 학습 기록 같은 게임 요소는 학습 지속을 돕는 장치로 작동하지만, 핵심은 학습자가 자신의 학습 흐름을 인식하고 조절하도록 돕는 데 있다.

또 다른 사례인 Kahoot!는 퀴즈 형식의 게임을 통해 수업 내용을 즉각적으로 점검할 수 있게 한다. AI 기반 결과 분석을 통해 교사는 학습 이해도를 한눈에 파악할 수 있으며, 경쟁 요소를 활용하되 수업의 피드백 도구로 기능하도록 설계된 점이 특징이다.

이러한 사례들이 보여주듯, 게임성 학습의 핵심은 '재미있는 활동' 그 자체가 아니다. 도전과 선택, 피드백과 재도전이 이어지는 구조 속에서 아이가 학습 과정에 능동적으로 참여하도록 만드는 데 있다.

게임성 학습의 교육적 효과

게임 요소를 활용한 학습, 즉 게임성 학습은 단순히 재미를 더하는 방식을 넘어 학습자의 다양한 역량을 효과적으로 키우는 교육 전략으로 주목받고 있다. 아이들이 가진 몰입과 도전의 에너지를 학습 과정으로 자연스럽게 전환할 수 있기 때문이다. 특히 다음과 같은 측면에서 의미 있는 교육적 효과를 보인다.

동기를 자극한다

게임은 학습자의 흥미를 자연스럽게 끌어올리고, 외부의 지시 없이도 스스로 참여하도록 만든다. '해야 하는 공부'가 아니라 '해보고 싶은 활동'으로 인식되면서 학습에 대한 내적 동기가 형성된다.

즉각적인 피드백이 가능하다

게임에서는 성공과 실패의 결과가 곧바로 드러난다. 아이는 자신의 선택이 어떤 결과로 이어졌는지를 빠르게 확인하며, 부족한 부분을 보완하거나 다시 도전하는 흐름을 경험하게 된다. 이러한 과정은 자기조절 학습 능력을 기르는 데 효과적이다.

몰입과 집중을 이끈다

명확한 목표, 단계별 과제, 보상 구조는 주의 집중 시간이 짧은 학습자에게도 안정적인 몰입 환경을 제공한다. 짧은 활동 안에서도 깊은 집중을 경험할 수 있다는 점이 게임성 학습의 강점이다.

문제 해결력과 창의력을 키운다

게임 속 과제를 해결하는 과정에서 아이는 전략을 세우고, 실패의 원인을 분석하며, 새로운 시도를 반복한다. 정답을 맞히는 데서 그치지 않고 다양한 해결 방안을 탐색하면서 사고의 폭을 넓히게 된다.

사회적·정서적 역량을 기른다

협동 기반의 게임은 자연스럽게 의사소통과 협업 경험을 제공하고, 경쟁 요소가 포함된 활동은 공정한 경쟁과 타인의 관점을 이해하는 태도를 익히게 한다. 이는 사회성과 정서 조절 능력 발달에도 긍정적인 영향을 준다.

효과적인 게임성 학습을 위한 조건

게임성 학습이 단순한 재미를 넘어 실제 학습 성과로 이어지기 위해서는, 게임 요소를 어떻게 설계하고 운영하느냐가 중요하다. 흥미를 끄는 장치만으로는 충분하지 않으며, 학습의 본질과 유기적으로 연결된 구조가 필요하다. 다음은 효과적인 게임성 학습을 위해 반드시 고려해야 할 핵심 조건이다.

학습 목표와의 명확한 연계

게임 활동은 반드시 교육과정의 목표와 연결되어야 한다. 학습자가 게임을 통해 무엇을 배우고, 어떤 역량을 기르게 되는지가 분명해야 한다. 목표가 불분명할 경우 활동은 흥미로운 놀이에 그치고, 학습으로 이어지기 어렵다.

적절한 난이도 설계

게임의 난이도는 학습자의 수준에 맞게 조절되어야 한다. 지나치게 쉬우면 흥미를 잃고, 너무 어려우면 도전 의욕이 꺾인다. 노력하면 도달할 수 있는 과제 난이도는 학습자에게 성취 경험을 제공하고, 이는 자기 효능감으로 이어진다.

즉각적이고 의미 있는 피드백

게임성 학습의 강점은 결과에 대한 빠른 반응에 있다. 학습자는 자신의 선택과 행동이 어떤 결과로 이어졌는지를 즉시 확인하며, 이를 바탕으로 다음 전략을 조정할 수 있다. 이때 피드백은 단순한 정답·오답 표시를 넘어, 다음 시도를 돕는 안내여야 한다.

경쟁보다 성취 중심의 구조

과도한 경쟁은 일부 학습자에게 위축감을 줄 수 있다. 따라서 게임은 타인과의 비교보다 자신의 성장 과정을 확인하고, 도전 과제를 완수하며 성취감을 느낄 수 있도록 설계하는 것이 바람직하다. 개인의 변화와 누적된 성장이 드러날수록 학습의 지속성도 높아진다.

성찰과 연결 활동의 포함

게임 활동이 끝난 뒤에는 반드시 되돌아보는 시간이 필요하다. '무엇을 배웠는지', '어디에서 어려움을 느꼈는지'를 점검하고, 그 경험을 다음 학습이나 실제 상황과 연결할 때 게임 경험은 일회성 활동을 넘어 의미 있는 학습으로 확장된다.

🙂 게임성 학습, 잘 써야 약이고 잘못 쓰면 독이다

게임성 학습은 학습자의 흥미와 참여를 효과적으로 끌어낼 수 있는 강력한 전략이다. 그러나 재미만으로는 배움으로 이어지기 어렵다. 게임을 수업에 도입할 때는 장점과 함께 그 한계 역시 분명히 인식해야 한다.

보상과 경쟁에 의존할 때 생기는 문제

게임성 학습에서 가장 흔한 위험은 보상 중심의 외적 동기에 치우치는 것이다. 점수, 배지, 레벨업은 단기적인 참여를 이끌 수 있지만, 학습이 '이해의 과정'이 아니라 '보상을 얻기 위한 수단'으로 인식될 가능성이 있다. 이 경우 보상이 사라지면 학습에 대한 흥미도 함께 약해진다.

또한 순위와 경쟁을 강조한 구조는 일부 아이들에게 위축감을 줄 수 있다. 상위권 학습자에게는 자극이 되지만, 경쟁에 부담을 느끼는 아이들에게는 참여 자체가 스트레스로 작용할 수 있다.

재미가 앞서면 학습은 흐려진다

게임의 흥미 요소가 학습 목표보다 앞서게 되면 수업의 본질이 흔들린다. 활동에는 적극적으로 참여했지만, 정작 무엇을 배웠는지는 남지 않는 경우도 적지 않다. 이때 게임성 학습은 '즐거웠던 경험'으로만 기억되고, 학습 효과는 제한적일 수밖에 없다. 게임은 목적이 아니라 수단이다. 학습 목표에 도달하기 위한 도구로 기능할 때 비로소 의미를 갖는다.

설계에 따라 달라지는 효과

게임성 학습의 효과는 설계 방식에 따라 크게 달라진다. 게임 요소가 학습 목표와 느슨하게 연결되면 수업은 오히려 산만해질 수 있다. 보상 구조가 실제 학습 성취와 어긋날 경우, 아이는 자신의 역량에 대해 왜곡된 신호를 받게 된다. 이러한 점에서 게임성 학습은 단순한 활동 추가가 아니라, 더 많은 준비와 의도적인 설계를 요구하는 교육 전략이다.

잘 설계된 게임성 학습의 핵심

게임성 학습의 효과를 높이기 위해서는 내적 동기를 중심에 둔 설계가 필요하다. '재미있게 하자'가 아니라 '왜 배우는가'를 함께 이해하도록 돕고, 경쟁보다는 협력의 구조를 통해 누구도 소외되지 않도록 해야 한다. 게임 요소는 수업의 중심이 아니라, 학습 목표 달성을 돕는 역할에 머물러야 한다.

가정 내 디지털 사용
진단표 활용법

가정 내 디지털 사용 진단표는 가족 구성원, 특히 아이의 디지털 기기 사용 습관을 점검하고, 건강한 디지털 환경을 조성하기 위한 첫 걸음이다. 가정마다 디지털 기기 사용 방식이나 환경이 다르기 때문에, 진단표는 가족의 생활 방식과 아이의 습관을 객관적으로 돌아보는 데 도움이 된다. 특히 부모와 아이가 함께 작성하는 과정에서 서로의 사용 방식을 이해할 수 있고, 자연스럽게 대화가 이어질 수 있다. 다음은 가정 내 디지털 사용 진단표 예시다. 가정의 특성과 상황에 맞게 자유롭게 수정해 활용할 수 있으며, 이를 통해 우리 가족만의 기준과 원칙을 만들 수 있다.

항목	예	아니오
1. 가족 모두 디지털 기기 사용 시간을 정해놓고 지킨다.	☐	☐
2. 밥 먹는 시간, 대화 시간에는 스마트폰을 사용하지 않는다.	☐	☐
3. 아이의 스마트폰/태블릿 사용 내용을 부모가 알고 있다.	☐	☐
4. 가족이 함께 디지털 콘텐츠를 즐기거나 이야기한 적이 있다.	☐	☐
5. 아이에게 유튜브, 게임 등의 사용 목적과 시간을 스스로 조절하게 한다.	☐	☐
6. 디지털 기기 사용 후 가족끼리 감정이나 느낌을 이야기한 적이 있다.	☐	☐
7. 스마트폰 없이도 재미있는 활동(산책, 놀이 등)을 자주 한다.	☐	☐
8. 가족끼리 일주일에 1번 이상 디지털 디톡스 시간을 갖는다.	☐	☐

▶ 위 문항 중 '예'에 해당하는 개수를 세어보세요.

7~8개: 디지털 사용이 매우 건강한 가정! 지금처럼만 유지하세요.

4~6개: 기본은 잘 잡혀 있지만, 몇 가지 보완할 부분이 있어요.

3개 이하: 디지털 사용에 대한 가족의 공감대 형성이 필요해요. 함께 규칙을 만들고 실행해보세요

🤖 진단 후 실천할 수 있는 활용법

디지털 기기 사용에 대한 진단은 단지 현재의 사용 상태를 파악하는 데 그쳐서는 안 된다. 중요한 것은 진단 결과를 바탕으로 실질적인 생활 습관 변화와 건강한 디지털 문화 조성으로 이어지는 실천이다. 아래는 가정에서 쉽게 적용할 수 있는 주요 활용법이다.

가족 디지털 사용 규칙 만들기

진단 결과를 가족이 함께 공유한 뒤, 나이와 상황에 맞는 디지털 사용 규칙을 스스로 정하도록 유도한다. 예를 들어 '식사 시간에는 기기 사용 금지', '취침 1시간 전에는 전자기기 꺼두기', '주말에는 하루 1시간 이상 야외 활동하기' 등 구체적인 실천 항목을 포함해야 한다. 규칙을 정할 때 아이의 의견을 적극 반영해야 실효성이 높아진다.

디지털 사용 시간표 만들기

하루 또는 일주일 단위로 디지털 사용 시간과 용도를 계획하는 시간표를 만든다. 예를 들어 '오전 10~11시: 온라인 학습', '오후 4~5시: 게임 또는 영상 시청'과 같이 구체적으로 계획하여 스스로 시간 관리를 하도록 돕는다. 이 과정을 통해 시간 개념과 자기조절 능력도 함께 기를 수 있다.

목적 있는 사용으로 전환하기

'시간 채우기' 혹은 '심심풀이' 용도에서 벗어나, 디지털 기기를 학습, 창작, 소통 등 목적에 맞게 사용하는 연습이 필요하다. 예를 들어 유튜브를 시청할 때 '정보를 정리한 뒤 가족에게 설명하기', 'AI 그림 도구로 가족 카드 만들기', '디지털 독서 후 감상문 쓰기' 등의 활동으로 연계하면 무분별한 사용을 줄일 수 있다.

디지털 사용 뒤 피드백 나누기

기기 사용 이후에는 반드시 '무엇을 했는지', '어떤 점이 재미있었는지', '시간 조절은 어땠는지' 등을 짧게라도 가족끼리 이야기 나누는 시간을 갖는다. 이러한 대화는 스스로 사용을 돌아보는 기회를 제공하며, 부모의 간섭이 아닌 함께 만들어가는 디지털 문화로 이어진다.

✽ 가족 디지털 규칙 만들기

저녁 (   )시 이후에는 휴대폰 충전함에 두기. 아이와 함께 규칙을 만들어야 지켜집니다.

✽ 디지털 디톡스 데이 정하기

매주 (   )일, 특정 시간대(O요일 O:OO~O:OO)를 정해 기기 없이 지내기. 대신 가족 활동을 함께 계획해요 (보드게임, 산책, 독서 등),

✽ '함께 쓰는 디지털' 시간 갖기

유튜브를 함께 보고 대화하기, AI나 디지털 퀴즈 앱을 같이 체험해보기

✽ 디지털 사용 기록장 쓰기

하루 또는 일주일 단위로, 사용 시간·내용·느낀 점 기록하기. 아이 스스로 사용 습관을 돌아볼 수 있어요

✽ 긍정적 디지털 콘텐츠 함께 탐색

창의력·문해력·탐구력 높이는 디지털 콘텐츠 찾기

우리는 일상 속에서 스마트폰, 태블릿, 컴퓨터 등 디지털 기기와 하루 종일 함께 살아간다. 아침에 눈을 뜨면 스마트폰 알람으로 하루를 시작하고, 잠들기 직전까지도 SNS나 동영상 콘텐츠를 확인하느라 스크린을 바라보는 시간이 끊이지 않는다. 이러한 디지털 기기의 장기적·과도한 사용은 아이와 어른 모두에게 신체적, 정서적, 사회적으로 다양한 부작용을 초래할 수 있다. 바로 이때 필요한 것이 '디지털 디톡스Digital Detox'다. 디지털 디톡스는 말 그대로 디지털 기기를 사용하는 습관에서 잠시 벗어나 몸과 마음에 휴식을 주고 '과부하된 감각'을 내려놓는 실천이다. 그리고 그 실천의 시작으로 적합한 방법이 바로 '디지털 디톡스 데이Digital Detox Day'다.

디지털 디톡스 데이, 왜 필요한가?

디지털 디톡스 데이는 하루 동안 스마트폰, 컴퓨터, 태블릿 같은 전자기기 사용을 줄이거나 완전히 멈추고, 오프라인 활동에 집중하는 날이다. 원래 '디톡스detox'는 몸속의 독소를 빼낸다는 의미지만, 디지털 환경에 적용하면 과도한 기기 사용으로 인한 정신적 스트레스, 수면 장애, 집중력 저하, 인간관계 단절 등에서 회복하는 시간을 뜻한다.

디지털 기기는 우리 생활을 편리하게 해주지만, 지나친 사용은 무의식적인 중독으로 이어지기 쉽다. 하루에도 수십 번씩 스마트폰을 들여다보고, 이유 없이 영상이나 피드를 넘기다 보면, 정작 해야 할 일이나 자신과의 시간을 놓치게 된다. 디지털 디톡스를 실천하면, 먼저 정신적인 여유가 생긴다. 자극적인 콘텐츠에서 벗어나면 내면의 생각과 감정을 돌아볼 시간이 생기고, 집중력과 감정 조절 능력도 회복된다.

또한 가족이나 친구와의 대화가 늘고, 관계 회복에도 도움이 된다. 평소에는 휴대폰을 보며 식사하거나 대화 중에도 메시지를 확인하는 일이 많지만, 이날만큼은 서로의 눈을 바라보고 진심 어린 대화를 나눌 수 있다. 무엇보다도 이 '멈춤의 경험'을 통해 자신이 얼마나 무의식적으로 디지털 기기에 의존하고 있었는지를 자각할 수 있다. 단순히 기기를 내려놓는 것이 아니라, 삶의 리듬과 습관을 되돌아보는 기회가 된다.

가족과 함께하는 '디지털 없는 하루'

디지털 디톡스 데이는 혼자보다 가족이 함께 실천할 때 훨씬 더 효과적이고 즐거운 경험이 된다. 아이에게 스마트폰 사용을 줄이라고만 하기보다는, 엄마와 아빠, 형제자매 모두가 함께 디지털 기기 없는 하루를 만드는 것이 좋다. 가족이 함께 규칙을 정하고, 그날만큼은 아날로그적 활동으로 하루를 구성하는 것이다. 예를 들면 다음과 같은 활동을 할 수 있다.

책을 함께 읽고 감상 나누기
퍼즐, 보드게임, 그림 그리기, 손 편지 쓰기
야외 산책, 자전거 타기, 공원 피크닉
온 가족이 함께 요리하고 식사 준비하기
공기놀이, 종이접기, 끝말잇기, 스무고개 등 추억의 놀이 해보기

이러한 활동은 단순히 전자 기기를 끊는 것을 넘어, 가족 간 유대감을 높이고 몸과 마음을 모두 건강하게 만드는 기회가 된다. 디지털 디톡스는 갑자기 매일 실천하겠다고 하면 부담이 될 수 있다. 처음에는 한 달에 한 번 주말에 시도하고, 점차 2주에 한 번, 1주에 한 번으로 횟수를 늘려가는 방식이 좋다. 특히 아이와 함께 약속을 정할 때는 기기를 사용하지 않기로 한 이유와 기대하는 효과에 대해 충분히 이야기 나눈 뒤 시작하면 좋다. 처음에는 불편하고 심심하게 느껴질 수 있지만 시간이 지나면 아이도 디지털

없이 보내는 하루의 소중함과 즐거움을 자연스럽게 깨닫게 된다. 결국 디지털 디톡스는 자율적 통제력과 삶의 균형감을 키워주는 매우 유익한 훈련이 된다.

의지를 돕는 도구, 스마트폰 감옥 사용법

스마트폰은 학생들의 학습에 가장 큰 방해 요소 중 하나다. 영어 단어 하나 검색하려다 알고리즘에 이끌려 2~3시간을 허비하는 일이 흔하다. 그래서 입시를 앞둔 상위권 학생들은 아예 스마트폰을 없애거나 2G폰으로 바꾸기도 한다.

하지만 이런 조치가 어렵다면 '스마트폰 감옥'을 활용해보자. 스마트폰 감옥은 스마트폰을 감옥 안에 넣고 자물쇠를 채워 열지 못하게 하거나 타이머를 설정하면 정해진 시간 동안 스마트폰을 꺼낼 수 없도록 만든 물리적 보관함이다. 의지가 약한 학생에게 특히 유용하며, 제품에 따라 급한 전화만 받을 수 있도록 설정할 수도 있다. 하지만 초중고 학생에게 급한 연락이 필요한 상황은 드물기 때문에, 완전 차단형 감옥을 추천한다.

완전 차단형	타이머형

[그림 5-2] 스마트폰 감옥

PART 6

집은 아이의 첫 번째 AI 교실이다

집에서도 실천하는
AI 기반 학습

AI를 활용한 교육은 학교와 가정이 균형을 이룰 때 효과를 낼 수 있다. 교실에서는 교사의 지도 아래 다양한 AI 학습 활동이 이루어진다. 그러나 그것만으로는 충분하지 않다. 아이들이 하루의 상당 시간을 집에서 보내는 만큼, 가정 역시 중요한 학습 공간이다. 학교에서 배운 AI 활용법을 집에서도 이어가면 학습 효과는 커진다. 가정에서의 AI 학습은 단순히 기기를 켜고 문제를 푸는 일이 아니다. 부모가 AI 교육을 이해하고 학습 도구의 특성을 파악해 아이에게 맞는 활용 방향을 안내할 때, 아이는 더 능률적으로 공부할 수 있다.

결국 가정에서의 AI 학습은 '부모의 지도'라는 안전망 속에서 아이가 자기주도성을 키워가는 과정이다. 부모가 조금만 준비한다면, 집은 학교 못지않은 든든한 AI 학습의 터전이 될 수 있다.

🤖 연령별 추천 AI 학습 도구

AI는 이제 우리 아이들의 학습 환경 속에 자연스럽게 자리 잡고 있다. 스마트폰이나 태블릿으로 동화를 듣고, 문제를 풀며, 영어로 말해보는 일도 더 이상 낯설지 않다. 특히 초등학생 시기에는 발달 단계에 따라 필요한 학습 도구와 접근 방식이 달라지기 때문에, 아이의 수준과 흥미에 맞는 AI 도구를 선택하는 것이 중요하다. 다음 표는 초등학교 학년별 발달 특성과 학습 과제를 고려해 효과적으로

학년	주요 발달 특징	추천 AI 학습 도구	활용 목적 및 특징
1~2 학년	- 기본 문해력 · 수리력 형성기 - 디지털 기초 감각 형성 단계	- 제미나이(패밀리 링크 활용 어린이 계정) - 똑똑! 수학탐험대	- 숙제 도움, 놀이형 창의 학습 - AI 음성 동화책 감상 및 자연스러운 대화 - 게임을 통한 기초 연산학습
3~4 학년	- 자율학습 습관 형성기 - 기초 사고력 발달기	- AI 펭톡 - 듀오링고 - 밀크T 초등 AI	- 맞춤형 학습 진단과 피드백, 게이미피케이션 학습 - 중학년 영어 AI 튜터링 - 학습 AI 튜터링
5~6 학년	- 사고력·문해력 심화기 - 자기주도학습 준비기	- 스픽 - 리딩앤AI - 엔트리 AI - 콴다	- 고학년 영어 AI 튜터링 - 코딩 AI - 학습, 고학년 문제 풀이 AI 피드백

학년별 발달 특성에 따른 AI 학습도구 활용 가이드

활용할 수 있는 AI 기반 학습 도구를 정리했다.

아이마다 학습 과정에서 겪는 어려움은 다르다. 어떤 아이는 책 읽기에 익숙하지 않아 글자와 친해지는 데 시간이 걸리고, 어떤 아이는 문제를 혼자 해결하지 못해 늘 도움을 기다린다. 영어 말하기에 흥미는 있지만 연습 기회가 부족해 말문을 트지 못하거나, 글쓰기에 대한 두려움으로 시도조차 하지 못하는 아이도 있다. 이처럼 학습 상황은 아이의 성향, 경험, 발달 수준에 따라 달라진다. 따라서 모든 아이에게 같은 방법을 적용하는 것은 바람직하지 않다. 지금 아이가 어디에서 어려움을 느끼는지 살피고, 그에 맞는 도구와 방법을 선택하는 것이 중요하다.

다행히 최근 AI 기술의 발전으로 아이의 특성과 상황에 맞춘 맞춤형 학습 도구들이 빠르게 늘어나고 있다. 부모가 아이의 학습 특성을 이해하고 알맞은 AI 도구를 활용한다면, 지금 겪는 어려움은 오히려 성장과 자립으로 이어지는 기회가 될 수 있다.

책을 잘 안 읽는 아이가 있다면?

책을 좋아하지 않는 아이에게 억지로 책을 읽히려 하면, 오히려 독서에 대한 거부감만 커질 수 있다. 이럴 땐 아이가 책을 자연스럽게 접할 수 있는 기회를 마련해주는 것이 중요하다. 그 역할을 하는 것이 바로 공공 AI 독서 서비스인 '책열매 AI'다. '책열매 AI'는 교육부와 한국교육과정평가원이 개발한 인공지능 기반 독서 지원 서비스다. 학생의 독서 이력과 관심사를 분석해 아이에게 맞는 책을 추천한다. 아이들은 읽은 책을 간단히 기록하며 독서 경험을 돌아본다. AI는 이 기록을 바탕으로 다음 책을 제안하고, 아이는 책을 '강요받는 대상'이 아닌 '스스로 선택한 독자'로서 독서를 시작하게 된다.

'책열매 AI'에는 어휘 학습 기능도 포함되어 있다. 이야기 속 핵심 낱말을 중심으로 한 다양한 활동을 통해 아이는 자연스럽게 어휘력을 기르고, 이는 읽기 이해력을 높인다. 특히 독서량이 적은 아이에게 이런 보조 기능은 독서의 문턱을 낮추는 데 효과적이다.

이 서비스는 학교와 가정 어디서나 활용할 수 있다. 교실에서는 독서 수업과 연계할 수 있고, 가정에서는 추천 도서를 활용해 독서를 생활 습관으로 이어갈 수 있다.

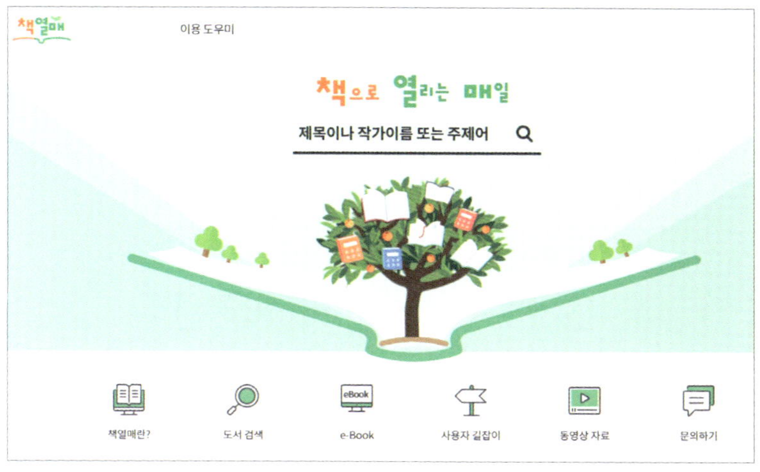

[그림 6-1] 책과 자연스럽게 만나는 방법, 책열매 AI

🤖 문제를 혼자 풀기 어려워할 때

수학이나 국어 문제를 혼자 해결하지 못해 늘 부모의 도움을 구하는 아이도 많다. 혼자 시도해보는 경험 자체가 부족하면, 학습의 주도권은 언제나 외부에 머무르게 된다. 이런 경우 콴다나 똑똑! 수학탐험대 같은 AI 학습 보조 앱이 실질적인 도움이 된다.

콴다는 아이가 모르는 문제를 사진으로 찍으면 풀이 과정을 단계별로 설명해준다. 정답만 알려주는 것이 아니라, 오답의 원인을 분석해주는 기능이 핵심이다. 이 과정은 아이가 자기 사고의 흐름을 점검하고, 어디서 막혔는지를 스스로 확인하는 기회를 제공한다.

똑똑! 수학탐험대는 탐험 스토리 형식으로 문제 풀이를 진행해, 놀이하듯 수학 개념을 익히는 데 유리하다. 아이가 시도해보고, 실패도 해보고, 다시 도전하는 자기주도학습의 순환 구조를 경험하게 해주는 것이 AI 도구의 진짜 가치다.

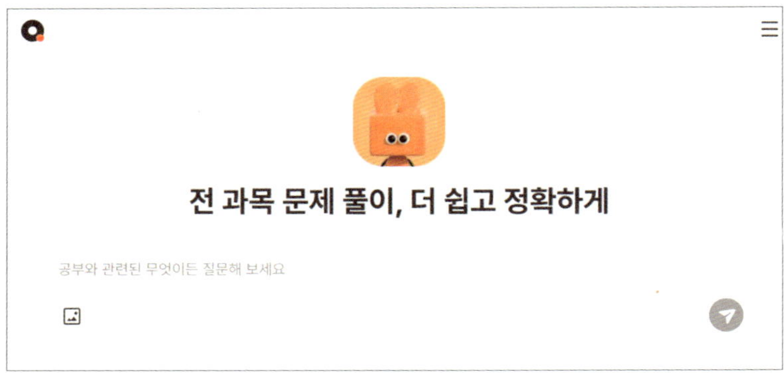

[그림 6-2] 맞춤형 풀이를 제공해 주는 콴다 AI

🤖 영어 말하기 연습이 필요한 경우

읽기나 쓰기에 비해 영어 말하기는 실제 사용할 기회가 적기 때문에 연습 자체가 쉽지 않다. 특히 발음을 틀릴지 두려워 말문을 열지 못하는 아이들에게는 실시간 피드백과 반복 가능한 환경이 필요하다.

스픽Speak이나 AI 펭톡은 AI 캐릭터가 친구처럼 대화를 이어가며, 아이가 영어 말하기를 일상처럼 연습할 수 있도록 도와준다. 발음, 억양, 표현의 자연스러움 등을 실시간으로 교정해주기 때문에, 아이는 틀려도 괜찮다는 심리적 안전감 속에서 말하는 연습을 반복하게 된다. 그리고 리딩앤스쿨의 AI로라 기능은 학습자가 말을 하면 즉각 반응을 주고받는 방식으로 설계되어 있어, 실제 교사나 친구와 대화하는 것 같은 몰입을 가능하게 한다. 집 안에서도 영어 말하기 환경을 조성할 수 있다는 점이 큰 장점이다. 특히 소극적인 아

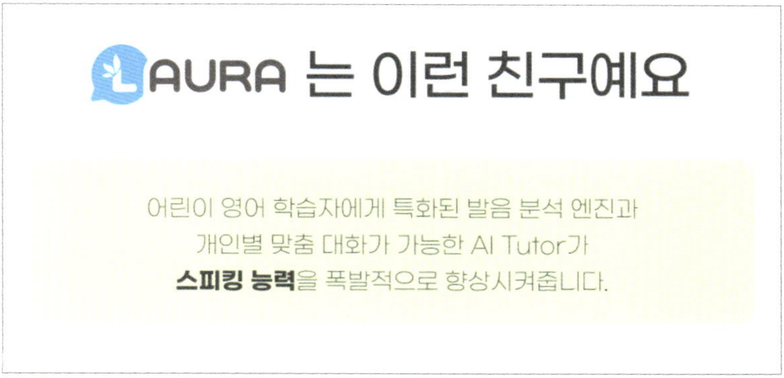

[그림 6-3] 리딩앤스쿨의 AI로라

이들에게는 이러한 '혼잣말 대화'의 경험이 말하기 자신감으로 이어
지기도 한다.

글쓰기를 어려워하는 아이에게

머릿속에 생각은 있지만 글로 표현하는 데 어려움을 느끼는 아이는
점점 글쓰기에 대한 부담감만 커진다. '무엇을 써야 할지 모르겠다'
라는 말은 단순한 게으름이 아니라, 표현의 출발점을 찾지 못해 막
막한 상태다.

키위티는 아이에게 주제를 제시하고, 글의 구조를 안내하면서 글
쓰기 과정을 단계별로 도와주는 도구다. 글쓰기의 시작점을 제공하

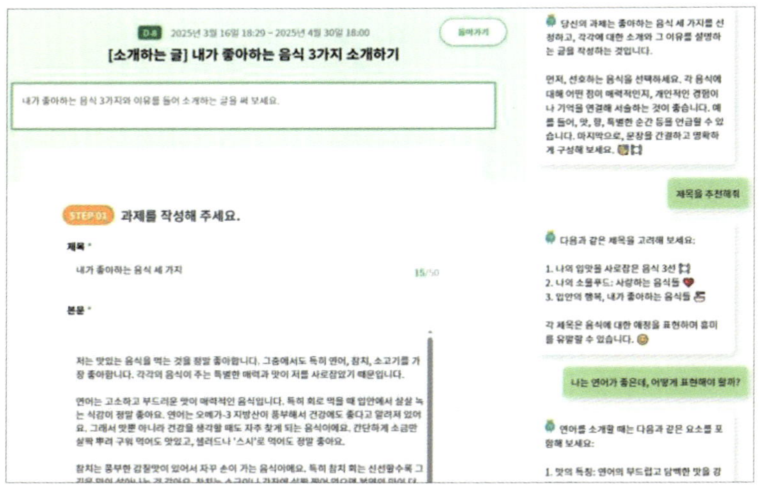

[그림 6-4] 글쓰기 과정을 단계별로 도와주는 키위티

고, 문장을 어떻게 이어가야 하는지를 보여주기 때문에 처음 글쓰기를 시도하는 아이에게 유용하다.

글쓰기는 단순히 생각을 적는 것이 아니라, 생각을 정리하고 다듬고 표현하는 과정이다. 처음에는 한두 문장밖에 못 쓰더라도, 이 과정을 반복하며 아이는 점차 자기 언어를 갖게 된다. 챗GPT도 글쓰기 보조 도구로 활용 가능하지만, 내용 전체를 맡기는 방식이 아니라 아이가 주도성을 잃지 않도록 보조 수단으로 사용하는 것이 바람직하다.

🤖 코딩이나 창의 활동을 시키고 싶을 때

요즘은 단순한 암기나 문제 풀이를 넘어서, 창의력과 문제 해결 능력이 더 주목받는 시대다. 아이가 논리적 사고를 키우고, 창의 활동을 자연스럽게 경험하게 하고 싶다면 엔트리 AI 같은 도구가 제격이다. 이 도구는 블록 코딩 방식으로 프로그램을 만들고, 자신만의 이야기를 구성하며 논리와 구조를 익힐 수 있도록 설계돼 있다. 아이는 문제를 해결하기 위해 자연스럽게 '어떻게 하면 좋을까?'를 생각하게 되고, 이 과정에서 창의적 사고가 자란다.

무엇보다 중요한 점은 놀이처럼 재미있게 구성돼 있다는 것이다. 억지로 배우는 것이 아니라, 몰입해서 스스로 탐색하고 완성해보는 경험이 쌓이기 때문에 학습 효과도 크다. 코딩은 단순한 IT 기술이 아니라, 미래 역량을 키우는 기초가 된다.

AI 도구는 단지
학습 수단일 뿐이다

AI 기술이 점점 교육 현장 가까이 다가오고 있다. 교실 안에서도, 가정에서도 아이들은 AI와 함께 공부하고, 그 안에서 재미를 느끼기도 한다. 하지만 아무리 기술이 발전해도, AI는 어디까지나 보조적인 학습 수단이다. 아이가 AI를 통해 지식을 익히고 흥미를 가질 수는 있지만, 그 학습이 진짜 성장으로 이어지려면 사람의 지도가 반드시 함께해야 한다.

AI는 설명을 반복해주고, 빠른 피드백을 제공하며, 아이의 수준에 맞춘 학습 경로를 제시할 수 있다. 하지만 아이가 왜 틀렸는지, 어떤 생각이 부족했는지, 또 어떻게 더 깊이 고민해볼 수 있을지를 짚어주는 일은 여전히 교사의 몫이다. 특히 초등 시기에는 단순한 지식보다 사고력, 문해력, 태도 같은 기초 역량과 정서적 안정이 함께 자라야 한다. 그래서 AI의 기능적 장점에 교사의 인간적인 지도가 더해질 때, 비로소 진짜 학습 효과가 나타난다.

도구별 학습 효과: 어떤 역량을 키울까?

AI 학습 도구는 단순히 문제를 대신 풀어주거나 정답을 알려주는 기계가 아니다. 어떤 목적을 갖고, 어떤 방식으로 활용하느냐에 따라 길러지는 역량이 달라진다. 아이가 무엇을 어려워하고 있는지 먼저 살펴본 뒤, 그에 맞는 AI 도구를 고르면 학습은 훨씬 더 의미 있고 즐거운 경험이 될 수 있다.

코딩 도구: 논리와 창의, 두 마리 토끼를 잡다

코딩 도구는 단지 프로그래밍 기술을 익히는 게 목적이 아니다. 블록을 조합하고, 흐름을 구성하며, 조건과 반복을 설정하는 과정 자체가 논리적인 사고 훈련이다. 문제를 작은 단위로 나누고, 단계별로 해결책을 설계하는 경험은 컴퓨팅 사고력의 기초가 된다.

이러한 사고력은 컴퓨터 과목뿐만 아니라 수학 문제 풀이, 과학 실험, 일상 속 문제 해결에도 자연스럽게 이어진다. 창의성과 논리성을 동시에 키울 수 있는 드문 학습 도구가 바로 코딩이다.

읽기 도구: 재미있는 '읽기'에서 깊은 '이해'로

긴 글을 이해하지 못하거나 책 자체에 흥미를 느끼지 못하는 아이에게, 읽기 도구는 문해력의 징검다리가 된다. AI가 이야기를 읽어주고, 줄거리나 인물에 대해 묻고 대답하는 과정을 통해, 아이는 단순히 듣는 것이 아니라 글 속 내용을 스스로 해석하고 정리하는 경험을 하게 된다.

텍스트에 질문을 던지고, 그에 답하면서 읽는 습관은 정보를 구조화하고 핵심을 파악하는 능력, 즉 정보 처리 역량을 키우는 데 효과적이다. 특히 음성, 그림, 대화가 결합된 형태의 읽기 경험은 아이에게 책은 지루한 것이 아니라 재미있는 것이라는 인식을 심어준다.

쓰기 도구: 생각을 문장으로 이어주는 다리

글쓰기는 많은 아이들이 힘들어하는 영역이다. 무엇을 써야 할지 떠오르지 않거나, 처음 몇 문장을 쓰고도 흐름을 이어가지 못해 중단되는 경우가 많다. 이럴 때 AI 쓰기 도구는 아이의 '글쓰기 출발점'을 만들어주는 역할을 한다.

주제를 제안하고, 문장의 구조를 안내해주며, 아이가 쓴 글에 대한 피드백까지 제공하는 도구를 활용하면, 글쓰기에 대한 두려움을 줄이고 시도할 수 있는 용기를 만들어준다. 반복되는 경험을 통해 아이는 점점 문장을 만드는 감각, 글의 흐름을 다루는 능력, 그리고 자신의 생각을 표현하는 자신감을 갖게 된다.

수학 도구: 정답보다 '과정'이 중요한 공부

수학은 정답을 맞히는 것보다 문제를 이해하고 푸는 과정이 더 중요하다. AI 수학 도구는 아이가 어디에서 막혔는지를 보여주고, 그 부분을 다시 설명해주는 기능이 중심이다. 어떤 개념이 부족했는지, 계산 과정에 어떤 실수가 있었는지를 짚어주는 과정 속에서, 아이는 자기 사고의 흐름을 점검하게 된다.

정답을 알려주는 데 그치지 않고, 틀린 문제를 다시 풀어보도록 유도하는 기능도 중요하다. 문제 해결 과정을 반복하면서 아이는 점점 스스로 이해하고 해법을 찾아가는 힘을 갖게 된다. 바로 이 '반복된 성공 경험'이 자기주도학습의 토대가 된다.

학년별 접근 방법: 발달단계에 맞게 활용하기

AI 도구는 아무리 좋은 기능을 갖추고 있어도, 아이의 발달단계에 맞춰 접근할 때 비로소 효과를 발휘한다.

1~2학년: '놀이'로 접근하기

이 시기의 아이들은 추상적인 개념보다는 감각을 통해 배우는 경험에 익숙하다. 손으로 만지고, 눈으로 보고, 귀로 듣는 활동을 통해 세상을 이해하고, 놀이를 통해 학습과 연결된다. AI 캐릭터와 대화하거나, 소리와 그림이 풍부한 인터랙티브 동화, 게임 요소가 포함된 학습 도구 등은 아이가 자연스럽게 학습에 흥미를 느끼게 한다. 중요한 것은 '공부하라'고 밀어붙이기보다, 재미있는 활동 속에서 학습이 스며들도록 유도하는 것이다. 이 시기의 학습은 무엇보다도 즐거움이 기본이 되어야 한다.

3~4학년 : '탐색'하며 알아가기

초등학교 3~4학년 아이는 점차 스스로 배우려는 태도를 갖기 시작한다. 아직 완전히 자기주도학습이 가능한 단계는 아니지만, 다양한 도구와 주제를 탐색하며 자기에게 맞는 방식이 무엇인지 감을 잡아가는 시기다. 이때는 여러 AI 도구를 경험하게 해주는 것이 좋다. 글을 짧게 써보거나, 질문을 만들어보거나, 흥미 있는 주제를 중심으로 학습 도구를 바꿔가며 학습 방법 자체를 탐색하는 경험을 주어야 한다. 중요한 건 정답을 맞히는 것이 아니라, 스스로 배우는 흐름을 만들어가는 과정이다.

5~6학년 : '활용'하고 '확장'하기

초등 고학년 시기는 아이가 도구를 능동적으로 활용하고 스스로 적용·확장해나가는 활동이 가능하다. 코딩 도구로 프로젝트를 만들거나, 읽기·쓰기 도구를 활용해 자신의 생각을 정리하고 발표하는 활동 등, AI를 도구로 삼아 학습을 주도하는 경험이 중요하다. 도구를 사용할 때 명확한 의도를 가지고 주체적으로 활용하며 확장하는 단계다.

'실패해도 괜찮은 AI 활동'이
필요한 이유

우리는 오랫동안 교육에서 '정답을 잘 찾는 아이'를 이상적인 학습자로 여겨왔다. 시험과 입시 중심의 환경에서는 빠르게 맞히는 능력이 곧 우수함으로 평가되었다. 그러나 AI 시대의 학습은 정답을 아는가보다, 어떻게 시도했고 무엇을 돌아보았는지가 더 중요해졌다. 지식을 외우는 능력보다 문제를 새롭게 바라보고, 그 과정을 성찰하는 힘이 학습의 핵심으로 떠오른 것이다. 생성형 AI는 아이들에게 정답을 빠르게 제시할 수 있다. 그래서 이제 교육은 더 분명한 역할을 가져야 한다. 실패를 줄이는 데서 멈추는 것이 아니라, 실패를 통해 배우는 경험을 지켜주는 환경을 만드는 일이다. 실패는 더 이상 '틀림'이 아니라, 배움으로 이어지는 과정이 되어야 한다.

🤖 창의력은 도전에서 시작된다

기존 학습 문화는 정답 중심, 실수 회피 중심이었다. 틀리면 혼나거나 부끄러움을 느끼는 경험을 반복하며, 많은 아이가 점차 도전을 두려워하고 모험을 피하게 되었다. 그러나 AI 기반 학습에서는 다른 환경이 펼쳐진다. AI는 아이가 어떤 방식으로 문제에 접근했는지, 어떤 시도를 했는지를 주목하게 해준다. 실패해도 다시 시도할 수 있는 환경, 바로 이 '시도의 경험' 자체가 학습의 출발점이 된다.

AI 도구는 실패를 지적하기보다 그 결과를 있는 그대로 보여준다. 예를 들어, AI 그림 생성기에 '행복한 강아지'를 입력했는데 고양이가 그려졌다면, 아이는 "틀렸다"라고 여기기보다 "왜 이렇게 나왔을까?"라는 질문을 던지게 된다. 이 작은 질문이 탐구력과 창의력의 문을 여는 열쇠가 된다.

AI 문장을 고치거나 코딩 오류를 수정하는 과정에서 아이는 논리력, 표현력, 창의력을 자연스럽게 기르게 된다. 실패는 배움의 마침표가 아니라 창의적 사고의 시작이다.

🤖 AI와 함께 만드는 나만의 해답

AI 학습 활동의 큰 장점은 정답이 하나가 아니라는 점이다. 다양한 해석과 결과가 허용되므로, 아이는 자유롭게 생각을 펼칠 수 있다.

어떤 아이는 AI와 함께 동화를 만들고, 또 다른 아이는 AI가 생성한 문장을 다듬으며 즐거움을 느낀다. 중요한 것은 누가 맞았느냐가 아니라, 각자가 어떤 과정을 거쳐 자신의 생각을 완성해 가느냐다. 이러한 활동은 아이에게 자신만의 해답을 만들어가는 연습이 되며, 비판적 사고와 자기표현의 힘을 길러준다.

🤖 실패를 지지하는 AI의 역할

아이의 실패를 바라보는 어른의 태도는 AI보다 더 큰 힘을 지닌다. "이렇게 하면 안 돼"라는 말보다 "그렇게도 해볼 수 있지. 한 번 더 해보자"라는 말이 아이의 시도를 지켜주는 울타리가 된다. AI는 이러한 어른의 역할을 완전히 대신할 수는 없지만, 실패에 대한 부담을 덜어주고 아이가 자기 속도로 도전할 수 있도록 돕는 든든한 동반자가 될 수 있다. 또한 AI를 활용한 학습 경험은 실패를 통해 개선 방향과 부족한 점을 찾을 수 있기에, 실패도 의미 있는 경험이 된다. 실패를 격려하고 지지하는 환경은 AI와 교사, 부모가 함께 만들어가야 할 공동의 과제이며, 학습자가 신뢰와 안정감을 느낄 수 있게 해주는 기반이 된다.

🤖 실패를 견디는 아이로 자라기 위해

초등 시기는 실패를 두려워하지 않고 마음껏 실험할 수 있는 자신감을 키워야 하는 시기다. AI 도구는 그런 환경을 만들어준다. 아이가 아무리 많은 질문을 해도 AI는 지치지 않고 대답해주며, 실수해도 다시 기회를 준다. 이 반복 속에서 아이는 "실패해도 괜찮아. 다시 해보면 돼"라는 내면의 목소리를 얻게 된다. 이 목소리는 단지 AI 학습에만 필요한 것이 아니다. 평생의 학습 태도를 결정짓는 핵심 기반이 된다. 실패해도 주눅 들지 않고 다시 일어서는 힘은 아이가 미래를 살아가는 데 꼭 필요한 자산이다.

AI 시대의 학습에서 실패는 낙오가 아니다. 실패는 새로운 배움이 시작되는 출발점이며, 다시 도전할 수 있는 용기를 기르는 과정이다. AI를 활용한 '실패해도 괜찮은 활동'은 아이가 자율성을 가지고 시도하며, 실수를 통해 배우고, 자기 방식으로 성장할 수 있도록 돕는다. 이러한 경험을 반복한 아이는 실패를 견디는 힘, 배움을 즐기는 태도, 문제를 해결해 나가는 끈기를 갖춘 인재로 자란다.

집에서 실천할 수 있는
코딩 놀이

코딩은 처음부터 어려운 개념을 가르치기보다, 놀이처럼 자연스럽게 경험하게 하는 것이 가장 효과적이다. 특히 집에서는 부모와 함께 몸을 움직이고, 캐릭터를 만들거나, 간단한 프로젝트를 만들어보는 과정 자체가 훌륭한 학습이 된다. 완성도를 평가하기보다 "어떤 생각으로 명령을 만들었는지", "어떻게 문제를 해결했는지" 같은 과정을 칭찬해주면 아이는 코딩을 두려움이 아닌 '재미있는 탐험'으로 받아들인다. 다음 장에 정리한 내용은 학년별 발달 단계에 맞춰 집에서 바로 해볼 수 있는 코딩 놀이 예시다.

🤖 [1~2학년] 몸으로 배우는 언플러그드 코딩 놀이

1~2학년 아이들은 아직 추상적인 개념보다 몸으로 경험하는 활동이 훨씬 잘 맞는다. 이 시기에는 스마트 기기 없이도 충분히 코딩의 기본 원리를 익힐 수 있다. 방향·순서·명령 같은 기초 개념을 놀이처럼 익히는 데 초점을 둔다. 부모가 함께 움직이며 참여하면 아이의 몰입도도 높아진다.

활동명	놀이 방법	코딩 개념	준비물
코딩 미로 놀이	종이 위에 화살표를 그려 "앞으로 2칸, 왼쪽으로 1칸" 등 명령을 따라가며 인형을 목적지까지 이동	순차, 명령, 방향	종이, 인형 또는 블록
사과 줍기 명령 게임	"오른쪽 2칸, 아래 1칸 가서 사과 줍기!" 식의 명령을 부모가 주고 아이가 몸으로 수행	알고리즘, 디버깅	바닥에 칸 만들기 (테이프)
종이 블록 코딩	명령 카드를 만들어 순서대로 배열해 로봇 역할 놀이	순차, 반복	명령 카드 (앞으로, 뒤로, 점프 등)

🤖 [3~4학년] 스크래치 주니어 또는 엔트리로 코딩 활동

3~4학년은 스크래치 주니어, 엔트리처럼 블록 코딩 도구를 본격적으로 활용하기 좋은 시기다. 자신의 캐릭터에 말풍선을 넣고, 퀴즈 게임을 만들고, 반복 동작을 설계하면서 "코드를 바꾸면 결과가 이렇게 달라지는구나!"라는 즉각적인 재미를 느끼게 된다. 짧은 프로젝트라도 아이 스스로 결과물을 만들어보는 경험이 중요하다.

활동명	놀이 방법	코딩 개념	준비물
애니메이션 만들기	주인공을 정하고 배경을 설정한 후, "안녕!"이라고 말하게 하거나 점프하게 만드는 활동	순차, 좌표, 말풍선	스크래치 주니어 앱
동물 퀴즈 게임 만들기	"나는 네 다리가 있어요. 나는 누구일까요?" 문제와 답을 연결해 만드는 퀴즈	조건문, 이벤트	엔트리
반복 동작 게임 만들기	캐릭터가 10번 점프하기, 공을 5번 던지기 등 반복 명령 활용	반복문 (loop)	스크래치 or 엔트리

🤖 [5~6학년] 조금 더 복잡한 스토리 코딩

5~6학년은 간단한 명령을 넘어서, 조건문·이벤트·구조화 같은 개념을 활용해 '만드는 재미'를 제대로 느끼는 단계다. 스스로 게임의 규칙을 정하고, 챗봇의 응답 흐름을 기획하고, 주제를 가진 디지털 포스터까지 만들 수 있다. 아이가 하고 싶은 이야기나 표현하고 싶은 메시지가 있을수록 더 몰입한다.

활동명	놀이 방법	코딩 개념	준비물
미로 탈출 게임 만들기	캐릭터를 키보드 방향키로 조작해 벽에 부딪히지 않고 골인하게 구성	조건문, 이벤트, 충돌 감지	스크래치, 엔트리
AI 챗봇 따라 만들기	"안녕", "몇 살이야?" 같은 질문에 대답하는 간단한 챗봇 구성	조건문, 텍스트 처리	코드닷오알지 (code.org)
디지털 포스터 만들기	환경 보호, 나의 하루 등 주제를 정하고 인터랙티브한 발표 자료 만들기	순서, 구조화	미리캔버스AI 또는 캔바AI, 파워포인트 등

'엄마표 AI 교육'이
실패하는 이유

최근 많은 부모가 AI 도구를 활용한 '엄마표 AI 교육'에 관심을 보인다. 하지만 기대만큼 성공 사례는 드물고, 오히려 중도에 포기하거나 아이가 AI를 멀리하는 경우도 적지 않다. 그 이유는 대부분 교육의 중심이 아이의 눈높이와 흥미가 아니라, 새로운 도구와 넘쳐나는 정보에 맞춰져 있기 때문이다. 'AI니까 좋을 것 같아서', '남들도 하니까'라는 막연한 기대만으로 시작한다면, 교육은 쉽게 방향을 잃는다. 아이는 왜 이 활동을 하는지 이해하지 못한 채 따라가야 하고, 부모 역시 확신 없는 시도 속에서 피로감을 느끼게 된다. 결국 원하는 변화나 성장은 이루어지기 어렵다. 그래서 부모도 AI 교육에 대해 명확한 관점과 주관을 가질 필요가 있다.

AI를 공부 도구로만 보는 시선

많은 부모는 AI를 종이 교재처럼 다룬다. "앱 켜고 문제 풀자", "이걸로 공부하자"라는 식의 접근은 아이가 AI를 '놀이'가 아닌 '공부'로 인식하게 만들고, 결국 거부감을 키운다.

AI 교육은 성적을 올리기 위한 도구가 아니다. 아이가 적극적으로 참여하고, 학습에 긍정적인 영향을 받도록 돕는 방식이어야 한다. 처음에는 놀이 중심의 활동으로 시작하는 것이 좋다. AI와 함께 그림을 그리거나 이야기를 만들어보는 등, 아이가 재미와 몰입을 경험할 수 있는 환경을 만들어야 한다.

부모의 불안과 과도한 기대

AI를 잘 모른다는 이유로 불안해하거나, 반대로 AI가 모든 걸 해결해줄 것이라 기대하면 아이는 혼란을 겪는다. "이건 네게 너무 어려워"라는 말은 도전 전에 포기하는 습관을 심어주고, "이걸로 다 해결할 수 있어"라는 기대에 미치지 못할 때 실망과 좌절로 이어진다.

부모는 먼저 AI를 직접 경험해야 한다. 간단한 검색이나 글쓰기, 문제 풀이부터 체험하며, AI의 강점과 한계를 이해해야 한다. 무엇보다 AI를 '만능 교사'가 아니라, '아이와 함께 탐색하는 학습 파트너'로 인식하는 균형 잡힌 태도가 필요하다.

아이의 수준과 성향을 무시한 활용

AI 학습 도구는 수백 가지에 이른다. 하지만 많이 쓴다고 좋은 결과가 나오는 것은 아니다. 아이의 흥미를 고려하지 않거나, 지나치게 어려운 수준을 강요하면 첫인상부터 부정적으로 굳어진다. 글쓰기를 힘들어하는 아이에게 매일 AI 글쓰기 앱을 쓰게 하거나, 수학을 어려워하는 아이에게 하루 수십 문제를 풀게 하면, 학습이 아닌 부담으로 느껴진다.

AI 도입은 아이의 강점과 흥미에서 시작하는 것이 바람직하다. 그림을 좋아한다면 AI 그림 생성 앱, 이야기를 좋아한다면 AI 동화 낭독, 대화를 좋아한다면 AI 퀴즈형 대화를 활용하는 식이다. 즐겁고 편안한 경험을 먼저 쌓는 것이 학습 활동으로 자연스럽게 이어진다.

결과에 집착하고 실패를 두려워함

AI 학습의 본질은 '정답'이 아니라 '탐색'이다. 그러나 많은 부모는 결과에만 집중해, 아이의 시도 자체를 위축시킨다. AI는 같은 질문에도 다양한 답을 제시하고, 때론 예상 밖의 결과를 낸다. 이럴 때 중요한 건 "틀렸어"가 아니라 "왜 이렇게 나왔을까?"를 함께 묻는 것이다. 결과를 함께 분석하고 다시 시도하는 과정에서 아이는 더 큰 학습 효과를 얻는다. 실패를 부정적으로 보는 태도는 아이의 도전 의욕을 꺾지만, 실패를 성장의 과정으로 받아들이는 태도는 아이에게 자유로운 탐색의 힘을 준다.

지속적인 대화와 피드백의 부족

AI가 아무리 똑똑해도 부모와의 정서적 연결을 대신할 수는 없다. AI 활동 후 대화가 없다면, 아이에게 AI는 단순히 '잠깐 재미있는 도구'로만 남는다. 활동 후에는 반드시 아이의 경험을 돌아보는 시

TIP 부모를 위한 AI 체험 가이드

AI 시대에 자녀를 키우는 부모라면, 아이가 배우는 AI 교육을 지켜보는 데서 그치지 않고 함께 체험해보는 태도가 필요하다. 직접 경험한 부모는 아이의 학습 흐름을 이해하고, 적절한 조언을 건넬 수 있는 든든한 안내자가 된다. 다행히 교육부와 공공기관은 누구나 무료로 이용할 수 있는 AI 체험 사이트를 제공한다. 아래 플랫폼은 초등부터 고등까지 폭넓게 활용할 수 있으며, 부모와 함께 참여하기에도 좋다.

＊똑똑! 수학탐험대 (KERIS)
수준별 맞춤 수학 학습, 게임형 활동으로 수학 개념 익힘

＊AI 펭톡 (교육부·EBS)
펭수와 함께 영어 말하기 연습, AI 발음 피드백 제공

＊이솝 (EBS)
엔트리·스크래치·파이썬 등 실습 중심 코딩+AI 개념 학습

＊에듀넷 티-클리어 AI 자료실 (교육부·KERIS)
수업용 AI 자료 제공, 학부모가 흐름을 이해하는 데 도움

＊AI Teading (공공 오픈소스)
이미지·음성 인식 등 다양한 AI 실습, 별도 가입 없이 체험 가능

간이 필요하다. "오늘 가장 재미있었던 건 뭐였어?", "다음에는 어떤 걸 해보고 싶어?"라는 질문은 아이가 생각을 정리하고 표현하는 데 도움이 된다. 또한, 부모는 정서적 지지자로서 구체적이고 따뜻한 피드백을 주어야 한다. "색을 다양하게 써서 멋졌어", "이야기 결말이 참 독창적이었어"라는 말은 아이가 성장의 기쁨을 체감하게 한다.

AI는 단순한 교재가 아니다. 아이의 흥미와 놀이, 성장을 이끌어내는 도구가 될 수 있다. 그림을 그리고, 이야기를 지어내고, 새로운 아이디어를 실험하는 과정에서 아이는 창의력과 표현력을 확장한다. 하지만 이 경험이 아이에게 '시험처럼', '숙제처럼' 느껴지는 순간, AI는 학습의 걸림돌이 된다.

따라서 진짜 성공하는 엄마표 AI 교육은 아이의 눈높이에서 함께 즐기는 것이다. 실수해도 괜찮다는 분위기를 만들고, 놀이처럼 자유롭게 탐색할 수 있도록 돕는 것이 중요하다. 부모가 먼저 호기심 어린 태도로 AI를 활용하며 아이와 함께 웃고 실험하는 순간, 비로소 성공적인 AI 학습이 시작된다.

아이 곁에서 실천하는
'학습 보조 코칭' 일곱 가지

AI와 디지털 도구가 교육 현장에 빠르게 확산되고 있다. 하지만 여전히 초등학생 시기 아이들의 학습에 가장 큰 영향을 미치는 존재는 단연 부모다. 이 시기는 학습 습관이 형성되고, 배움에 대한 태도가 자리 잡는 결정적인 시기이기 때문이다. 이때 부모가 단순히 공부를 시키는 사람이 아니라, 아이 곁에서 함께 응원하고 도와주는 '학습 코치'의 역할을 한다면, 아이의 배움은 훨씬 건강하고 주체적으로 자라날 수 있다. 특히 AI와 함께 배우는 시대에는, 부모의 역할도 그만큼 섬세하게 변화해야 한다.

아래에 소개하는 7가지 '학습 보조 코칭' 실전법은 거창한 교육법이 아니라, 지금 당장 가정에서 시도해볼 수 있는 작고 실천적인 방법들이다.

짧지만 꾸준한 학습 루틴 만들기

공부 시간은 꼭 길 필요는 없다. 오히려 매일 정해진 시간에 20~30분 정도만 집중해도 충분하다. 핵심은 지속성이다. 같은 시간에 꾸준히 학습하는 습관은 아이에게 안정감을 주고, 학습에 대한 두려움보다 익숙함을 먼저 심어준다. 예를 들어 "우리 20분만 집중해서 공부하고, 끝나면 간식 타임 어때?"처럼 즐거운 마무리를 약속하며 학습을 시작하면 아이의 거부감을 자연스럽게 줄일 수 있다. 짧지만 꾸준한 루틴은 아이에게 '나는 공부할 수 있는 사람이야'라는 자기 효능감을 키워준다.

"왜?"라고 묻는 생각 열기 질문

정답만 확인하는 공부에서 벗어나, 아이가 생각의 흐름을 말할 수 있도록 돕는 질문이 필요하다. 아이의 설명을 듣고 "왜 그렇게 생각했어?", "그건 무슨 뜻이야?"처럼 '생각의 이유'를 묻는 질문은 사고력과 자기 표현력을 자연스럽게 자라게 만든다. "이 문제 답이 6이네? 그런데 왜 6이 된 걸까?"라고 물어보는 순간, 아이는 '내가 왜 이렇게 생각했는지'를 돌아보게 되고, 스스로 설명하며 자기 사고를 정리하는 힘을 기르게 된다.

틀린 문제도 이해 과정을 칭찬하기

문제를 틀렸다고 실망하기보다, 아이가 어디까지 이해했는지 그 과정을 살피는 태도가 중요하다. 아이들은 실수나 오답에 민감하다. 이때 정답만 강조하면 자신감은 쉽게 무너진다.

오히려 "여기까지 혼자 생각한 거구나! 이야, 좋아. 그런데 여기서 조금 헷갈렸던 것 같아. 같이 다시 볼까?" 같은 말은 아이의 노력과 사고의 과정 자체를 인정해준다. 이는 실패도 배움의 일부라는 건강한 학습 태도를 길러주는 시작점이 된다.

읽고 말하기로 문해력과 이해력 함께 키우기

책이나 교과 내용을 읽고 자신의 말로 요약하게 하는 활동은 문해력 향상에 매우 효과적이다. 글을 읽는 데서 끝나는 것이 아니라, 내용을 어떻게 이해했고 어떤 부분이 기억에 남았는지를 말로 풀어보게 하는 것이다. "지금 읽은 글에서 제일 중요한 말은 뭐라고 생각해?" 같은 질문을 던져보자. 말은 생각의 거울이다. 아이가 스스로 문장을 만들어 말하는 순간, 이해의 깊이와 사고의 폭이 확장된다. 특히 AI가 제공하는 정보와도 연결지어 "AI는 이렇게 요약했네. 너는 어떻게 말할래?"라고 비교해보는 활동도 흥미롭고 교육적이다.

AI는 함께 활용하는 생각 도우미로

AI 학습 도구는 매우 유용하다. 하지만 아이가 혼자 사용하는 것보다, 부모와 함께 대화하며 활용할 때 더 풍성한 배움이 이루어진다.

AI가 제시한 답을 그대로 받아들이기보다는, "왜 이렇게 말했을까?", "이 말이 진짜 맞을까?" 같은 비판적 질문을 함께 던져보는 것이 중요하다. 예를 들어 "AI가 이건 맞다고 하네? 너는 어떻게 생각해?"라고 물어보면, AI는 단순한 정보 제공자가 아니라 생각을 확장해주는 파트너가 된다. 부모가 이런 '질문하는 태도'를 보여줄수록 아이는 AI를 도구로서 능동적으로 활용하게 된다.

😊 학습 성과보다 생각하는 힘에 집중하기

아이의 학습에서 정답보다 과정, 성과보다 생각의 깊이에 집중하는 것이 필요하다. 문제를 푼 후, "어떤 생각이 들었어?", "비슷한 문제를 너라면 어떻게 만들어볼까?" 같은 질문을 던져보자. 이는 사고력과 창의력을 자극하는 방식이다. 특히 "네가 설명해보면 어때?"와 같은 말은 아이가 배운 내용을 자기 언어로 재구성하게 한다. 이 과정에서 표현력과 개념 이해가 함께 자란다. 요즘 시대에 더 중요한 능력은 정확한 암기보다, 스스로 사고하고 말할 수 있는 힘이다.

😊 무엇보다 정서적 안정감이 먼저다

학습에서 가장 중요한 바탕은 정서적 안정감이다. 아이가 실수를 했을 때 혼나지 않고, 궁금한 것을 자유롭게 물어볼 수 있어야 배움은 자란다. 예를 들어 "괜찮아. 정답은 아니어도 이번 기회를 통해서 더 잘 알게 되었잖아!"라는 말은, 아이에게 틀려도 괜찮다는 안전 신호를 보낸다. 그 순간, 아이는 도전할 용기를 얻게 된다.

자유롭고 존중받는 분위기 속에서 자란 아이는 스스로의 배움을 책임지는 사람으로 성장할 수 있다. 자신의 생각을 드러내는 힘은 바로 이 정서적 안정감에서 비롯된다.

'학습 보조 코칭'의 핵심은 거창한 교육 이론이 아니다. 부모가 만들어주는 작고 따뜻한 일상의 습관이다. 부모가 자녀를 가르칠 필요는 없다. 그저 아이 곁에 함께 앉아 20분 정도 집중할 수 있는 환경을 만들어주고, 아이의 말에 귀 기울이며, 때로는 작은 질문 하나로 사고를 이끌어주는 것, 그것이면 충분하다.

정답을 맞히는 것보다 생각한 과정을 인정해주는 태도, AI를 단순한 도구가 아닌 탐구 파트너로 바라보는 시선, 아이의 말 속에서 성장의 흔적을 발견해주는 부모의 마음이 결국, 아이의 배움을 든든하게 지키는 가장 중요한 토양이 되어준다.

부모가 AI를 이해하지 못하면
아이도 혼란스럽다

정부가 AI 디지털 교과서 도입을 발표했을 때, 많은 학부모가 "지금도 스마트폰과 태블릿 때문에 걱정이 큰데, 수업 시간에까지 써야 하나요?"라고 우려했다. 실제로 AI 디지털 교육자료(구 AIDT) 도입을 둘러싼 여론조사에서는 반대 의견도 적지 않았고, 현재 도입이 보류된 상태다.

하지만 'AI 활용 교육' 자체는 되돌릴 수 없는 흐름이다. 그러므로 부모는 AI를 삶과 배움의 한 도구로 받아들이는 열린 태도를 갖출 필요가 있다. 부모가 AI의 전문가가 될 필요는 없다. 다만 부모의 관심은 아이에게 강력한 동기가 된다.

"엄마도 이건 잘 모르겠는데, 우리 같이 알아볼까?", "AI가 뭘 도와줄 수 있는지 살펴볼까?", "도움을 받을 땐 받되, 너무 기대지 말고 스스로 생각해보자" 이런 짧은 말들이 아이에게는 AI를 균형 있게 받아들이는 기준점이 된다.

결국, AI를 이해하려는 부모의 노력이 아이의 디지털 감수성을 키우는 첫걸음이다. 아이는 혼자가 아니다. 함께 배우고 성장하는 경험 속에서, 아이는 AI와 더불어 살아갈 힘을 얻게 된다.

디지털 시민 교육: 가족 안에서 시작하는 윤리 감각

스마트폰, 태블릿, 컴퓨터는 이제 일상과 분리할 수 없는 도구가 되었고, 아이들은 아주 이른 시기부터 이를 생활의 일부로 받아들인다. 디지털 시민 교육은 이런 환경 속에서 아이가 온라인 공간에서 바르게 행동하고, 책임 있게 참여하도록 돕는 교육이다. 쉽게 말해, 인터넷과 스마트 기기를 안전하고 공정하게 사용하는 법을 배우는 과정이다. 현실에서 예의와 책임이 중요하듯, 디지털 공간에서도 같은 원칙이 적용된다는 점을 이해시키는 것이 핵심이다. 그렇다면 디지털 시민이 되기 위해 무엇을 알아야 할까?

온라인 예절 익히기

디지털 공간에서도 기본예절은 달라지지 않는다. 채팅방이나 댓글에서의 욕설, 비속어, 조롱은 상대를 상처 입히고 공동체 분위기를 무너뜨린다. 아이에게는 온라인에서도 서로를 존중하는 태도가 필요하다. 예를 들어, 친구의 글에 "별로야!"라고 단정하기보다는, "나는 조금 다르게 생각해, 이런 부분은 이렇게 해 보면 더 좋을 것 같아"처럼 의견과 근거를 함께 제시하는 연습이 중요하다. 이런 경험은 온라인 대화를 성숙하게 만들고, 책임 있는 표현 습관을 길러 준다.

개인정보 보호하기

이름, 주소, 전화번호, 비밀번호 같은 개인정보는 스스로를 지키는 가장 단단한 방패다. 그런데 아이들은 재미나 편의를 위해 계정을 공유하거나, 게임 중에 개인정보를 무심코 노출하기도 한다. 개인정보 유출은 단순한 실수가 아니라, 금전적 피해나 범죄로 이어질 수 있다. 아이에게 자신의 정보를 쉽게 드러내지 않는 습관을 들이도록 돕고, 동시에 타인의 정보를 무단 수집하거나 퍼뜨리는 것도 안 된다는 점을 반복해서 알려주자. "내 정보도, 남의 정보도 지킨다" 이것이 디지털 세계의 기본 윤리다.

비판적으로 사고하기

인터넷에는 정보가 넘쳐나지만, 그중에는 사실이 아닌 것도 많다. 광고성 글, 조작된 뉴스, 편향된 콘텐츠는 아이의 판단을 흐릴 수 있다. 디지털 시민은 정보를 그대로 받아들이지 않고, 출처와 맥락을 살펴 신뢰도를 가늠해야 한다. 예를 들어 "이 제품을 먹으면 키가 10cm 더 큰다"라는 광고를 봤을 때, 출처가 믿을 만한지, 전문가의 검증이 있는지, 다른 자료에서도 같은 결론이 나오는지 확인하는 습관이 필요하다. "보이는 것이 전부가 아니다"라는 태도가 비판적 사고의 출발점이다.

정중한 언어의 사용

AI에게 질문을 할 때 반말을 하거나 명령형의 말을 사용하면 대답도 퉁명스럽게 돌아오는 경험을 해본 사람이 많을 것이다. 이처럼 AI는 감정은 없지만 사람과 큰 차이 없이 상호작용을 한다. 정중한 언어의 사용은 사회성 교육의 측면에서 중요하다.

온라인 대화는 표정이나 목소리 톤 없이 문자로만 전달되기 때문에, 같은 말도 더 차갑게 들릴 수 있다. 그래서 아이는 자신의 생각을 표현할 때, 최대한 정중하고 배려 있는 언어를 써야 한다. 의견이 다르더라도 "그건 틀렸어"라고 말하기보다 "나는 이렇게 생각해. 이런 이유 때문이야"라고 표현해보자. 이런 언어 습관은 오프라인 관계에도 긍정적인 영향을 주며, 건강한 사회적 기술을 키워 준다.

사이버 괴롭힘 예방하기

사이버 공간에서의 놀림과 따돌림은 현실의 폭력만큼 깊은 상처를 남긴다. 익명성 뒤에 숨어 타인을 괴롭히는 행동은 결코 용납될 수 없다. 아이에게 사이버 괴롭힘은 '장난'이 아니라 명백한 '폭력'임을 알려주자. 목격했을 때는 침묵하지 말고 즉시 도움을 요청하는 태도를 가르쳐야 한다. 피해를 입었을 때는 부모나 선생님, 믿을 수 있는 어른에게 알리고, 증거를 보존하며 적극적으로 대처하는 법을 배워야 한다. "누구든 피해자가 될 수 있고, 누구도 가해자가 되어서는 안 된다" 이 인식이 사이버 윤리의 핵심이다.

이러한 교육은 학교에서만으로는 충분하지 않다. 가정에서도 부모와 아이가 디지털 기기의 사용 원칙을 함께 정하고, 이유를 대화로 나누며, 일상에서 꾸준히 실천하는 과정이 중요하다. 기술은 빠르게 변하지만, 사람에 대한 존중과 책임은 변하지 않는다. 디지털 시민 교육은 미래 사회의 건강한 일원이 되기 위한 첫걸음이며, 그 출발점은 집이다.

흔한 오해와 진실:
AI가 가르쳐주면 더 좋은 거 아닌가요?

AI 기술이 빠르게 발전하면서 "이제는 AI가 가르쳐주는 게 더 낫지 않을까?"라는 생각이 자연스럽게 떠오른다. 실제로 AI는 방대한 정보를 신속히 제공하고, 질문에 즉각 반응하며, 개인의 수준에 맞춘 학습 경험을 제안하는 등 분명한 장점이 있다. 그러나 이 질문에는 곧바로 짚고 넘어가야 할 몇 가지 오해가 숨어 있다.

AI는 모든 걸 정확하게 알려준다?

겉보기에는 AI가 모든 것을 아는 것처럼 보이지만, AI는 방대한 데이터를 바탕으로 '그럴듯한 답'을 생성하는 시스템이다. 이 과정에서 틀린 정보를 자신 있게 말하거나, 아직 검증되지 않은 내용을 전달하기도 한다. 특히 AI는 진위를 구분하지 않고, 통계적 개연성에 따라 답을 만들기 때문에, 사용자는 AI의 말을 곧이곧대로 믿기보다 사실 여부를 스스로 판단하는 힘을 길러야 한다. 교사나 부모와 함께 내용을 검토하고, 관련 도서를 찾아 확인하는 탐구 과정을 통해 학습의 깊이가 더해진다.

AI가 선생님보다 더 잘 가르친다?

AI는 설명을 반복하고, 자료를 풍성하게 제시하는 데 강점이 있다. 그러나 선생님은 아이의 표정과 말투, 집중도와 감정 상태를 읽고, 그에 맞춰 수업 방식을 조정한다. 피곤한 날과 의욕이 넘치는 날을 구분하고, 미세하게 피드백을 조정하는 섬세함은 교사만의 고유한 역량이다. AI는 이러한 정서적 상호작용을 대신할 수 없다. AI는 훌륭한 '보조 교사'가 될 수는 있어도, 배움의 중심은 여전히 사람과 사람 사이의 관계에서 열린다.

AI가 더 공정하다?

AI가 다루는 데이터는 결국 인간이 만든 결과물에서 출발한다. 데이터 안에 편견이나 차별적 시각이 있다면, AI 역시 그 흔적을 반영할 수밖에 없다. 또한 AI는 도덕적 판단을 숙고하거나 공감 능력을 성찰하지 않는다. 그러므로 AI가 제공하는 정보를 비판적으로 바라보는 시선이 반드시 필요하다. 다양한 독서와 균형 잡힌 토론을 통해 관점을 넓히고, 사회적 약자의 목소리까지 이해하려는 태도를 함께 길러야 한다. AI는 도구이지, 가치 판단의 기준이 될 수 없다.

🤖 AI로 공부하면 더 빠르고 효율적이다?

AI는 정보를 빠르게 찾고 정리하는 데 탁월하다. 하지만 깊이 있는 사고와 탐구, 문제 해결 능력을 스스로 기르는 과정은 대신해줄 수 없다. 글쓰기나 프로젝트 학습처럼 탐색과 숙고가 중요한 활동에서 AI가 모든 것을 대신하게 되면, 아이의 표현력과 사고력은 오히려 위축된다. 결과만 받아들이는 학습은 점차 수동적으로 굳고, '정답만 찾는 공부'에 익숙해질 위험이 있다. 따라서 AI의 답을 최종 결론이 아닌 출발점으로 삼고, "왜 이렇게 말했을까?", "나는 어떻게 생각하지?" 같은 질문을 던지자. 이 과정이 사고의 깊이를 더하고, 자기 생각을 정리하는 힘을 길러준다.

결국 AI는 훌륭한 학습 도우미지만, 사람과의 상호작용을 대신할 수는 없다. 친구와 토론하며 생각을 확장하고, 선생님과 질문을 주고받으며 지식을 다지고, 부모와 함께 배우며 정서적 안정을 얻는 이 모든 과정은 AI가 제공할 수 없는 인간만의 교육적 경험이다. 진정한 학습은 "AI 또는 사람"의 양자택일이 아니라, "AI와 사람"이 함께할 때 가장 효과적이고 따뜻하게 이루어진다.

우리 가족 AI 사용 규칙 만들기

우리 가족 AI 사용 규칙

1. 우리 가족이 AI를 사용하는 이유는 무엇인지 답해보세요. AI를 사용할 때 어떤 점이 좋을까요? 가족이 생각해보고 써보세요!

예) 정보를 빨리 찾을 수 있어서 좋아요.

예) 그림을 그려달라고 하면 신기한 그림을 만들어줘요.

예) 궁금한 걸 물어보면 친절하게 알려줘요.

2. 우리 가족이 지켜야 할 AI 사용 규칙은?

시간: AI는 하루에 (   )분만 사용하기

장소: AI는 (   )에서만 사용하기

내용: AI에게 무섭거나 나쁜 말은 하지 않기

태도: AI가 알려주는 정보는 꼭 확인해보기

대화: AI와 대화할 때도 예의 지키기

보호: 개인정보(이름, 주소 등)는 절대 말하지 않기

3. 가족끼리 더 추가하고 싶은 규칙이 있다면 적어보세요!

4. 우리 가족 AI 사용 약속 카드 만들기-가족 중 한 명씩 돌아가며 '나는 AI를 이렇게 사용할게요!'라는 다짐을 적어보세요.

나는 ________________ AI를 사용할게요. (예: 정직하게, 슬기롭게)

나는 ________________ 을(를) 조심할게요. (비속어, 무례함)

나는 ________________ 을(를) 꼭 지킬게요. (개인정보 보호, 출처 표기, 무단 인용 금지, 저작권 보호)

5. 규칙을 지키면 생기는 좋은 점은? 규칙을 지키면 우리 가족에게 어떤 좋은 일이 생길까요?

예) 눈이 아프지 않아요 / 가족끼리 더 많은 시간을 보낼 수 있어요 / AI를 똑똑하게 쓸 수 있어요

6. 우리 가족 AI 사용 서명

나 ________________ 은(는) 위의 AI 사용 규칙을 지키며 AI를 올바르게 사용하기 위하여 노력하겠습니다.

(사인)

AI와 공존하는 아이가 미래를 만든다

AI는 경쟁자가 아니라
파트너다

AI가 점점 더 많은 일을 해내는 시대가 되었다. AI는 이제 글을 쓰고, 그림을 그리고, 문제를 풀고, 음악을 만드는 일까지 해낸다. 이런 변화를 마주한 부모들은 자연스럽게 걱정하게 된다. "앞으로 우리 아이가 살아갈 세상에서는 AI가 모든 걸 대신하는 건 아닐까?", "지금 내가 하는 일처럼, 아이의 역할도 언젠가는 사라지는 건 아닐까?" 이 질문에는 막연한 불안만 있는 것이 아니다. 변화하는 시대 속에서 아이의 미래를 조금이라도 더 단단하게 준비시키고 싶다는 마음이 담겨 있다. 그렇다면 AI는 정말 우리 아이가 넘어야 할 경쟁자일까?

AI와 공존한다는 것의 진짜 의미

AI는 사람의 감정이나 가치 판단을 대신하지 못한다. 대신 정해진 조건 안에서 정보를 처리하고 계산하는 데 강점을 보인다. 이 차이를 이해하면 AI는 인간을 대체하는 존재라기보다, 역할이 분명한 도구로 보이기 시작한다.

예를 들어 아이가 영어로 글을 쓸 때, AI는 문법을 고쳐주고 표현을 다듬어줄 수 있다. 하지만 무엇을 쓰고 싶은지, 어떤 생각을 담을지는 아이 스스로 결정해야 한다. AI는 글을 대신 써주는 존재가 아니라, 아이의 생각을 정리하고 표현을 돕는 조력자다.

교육에서도 핵심은 같다. AI가 학습을 '해주는' 순간, 아이의 사고는 멈춘다. 반대로 AI를 참고하며 스스로 판단하는 순간, 배움은 깊어진다. 중요한 것은 AI를 쓰느냐 마느냐가 아니라, 생각의 주도권이 누구에게 있는가다.

AI가 아무리 똑똑해져도 바뀌지 않는 것

AI 기술이 빠르게 발전할수록 "인간의 역할이 줄어드는 건 아닐까?"라는 걱정은 자연스럽게 따라온다. 그러나 AI가 아무리 정교해져도, 해석하고 판단하며 책임지는 역할까지 대신할 수는 없다. 정보는 제공할 수 있어도, 의미를 부여하고 선택하는 일은 여전히 사람의 몫이다. 그래서 앞으로 더 중요해지는 질문은 "정답이 무엇인가?"가 아니라, "당신은 어떻게 생각하는가?"다 아이에게 필요한 것은 AI를 이기는 능력이 아니다. AI가 대신할 수 없는 능력, 스스로 생각하고 해석하며 판단하는 힘이다. 이 힘은 기술이 아무리 발전해도 대신 만들어줄 수 없다.

🤖 AI는 인간의 약점을 보완해주는 도구다

AI는 인간의 약점을 보완하는 도구다. 반복적이고 계산적인 일은 AI가 맡고, 사람은 그만큼 관계를 살피고 의미를 만들며 방향을 정하는 데 집중할 수 있다. 중요한 것은 누가 중심에 서 있는가다. AI가 방향을 정하는 순간, 아이는 따라가는 존재가 된다. 반대로 아이가 방향을 정하고 AI를 활용하는 순간, 아이는 주체가 된다. 그래서 AI와 함께 살아갈 아이에게 필요한 힘은 분명하다. AI를 쓰되 판단은 스스로 하는 힘, 도움을 받되 생각을 맡기지 않는 힘, 기술을 활용하되 인간다움을 잃지 않는 힘이다.

🤖 AI와 인간이 공존하여 좋은 결과를 낼 수 있는 분야

그렇다면 AI와 인간은 어떤 분야에서 함께 힘을 발휘할 수 있을까. AI는 인간의 능력을 대신하는 존재가 아니라, 부족한 부분을 보완하고 가능성을 넓혀주는 도구다. 각자의 강점을 살려 협력할 때, 우리는 혼자서는 도달하기 어려웠던 더 나은 결과에 다가갈 수 있다. 이제부터 살펴볼 몇 가지 사례는 AI와 인간이 어떻게 공존하며 역할을 나눌 수 있는지를 보여준다.

예술과 디자인

예술은 인간의 창의성과 감성이 빛나는 영역이지만, AI는 창작 과정을 돕는 유용한 파트너가 될 수 있다. AI는 다양한 미술 스타일을 학습하고 색 조합을 제안하거나 디자인 초안을 빠르게 만들어 내는 데 강점을 지닌다. 그러나 최종적으로 무엇을 표현할지, 어떤 감정을 담을지는 인간의 몫이다. 예를 들어 브랜드 로고 제작에서 AI가 여러 시안을 제시하면 디자이너는 그중에서 의도에 맞는 방향으로 조율하여 완성도 높은 결과물을 만들 수 있다.

글쓰기와 콘텐츠 제작

AI는 구조적 글쓰기에 강하다. 정보 정리, 키워드 분석, 초안 작성 과정에서 시간을 절약할 수 있다. 그러나 글에 감정을 불어넣고 독자와 소통하는 힘은 여전히 인간에게 있다. 에세이, 칼럼처럼 관점이 중요한 글에서는 AI가 뼈대를 잡아 주고, 사람이 자신의 경험과 감정을 더해 생동감 있는 콘텐츠로 발전시키는 협업이 가능하다.

교육 및 학습 보조

AI는 학생 개인의 수준에 맞는 콘텐츠를 추천하거나 발음·문법을 자동 피드백하는 데 강점을 지닌다. 특히 영어 읽기나 수학 학습에서는 진단평가를 수행하고, 맞춤형 학습 자료를 제공하는 사례가 늘고 있다. 그러나 학습 동기를 부여하고 사고력을 키우는 일, 학생의 감정 상태를 살피는 일은 교사의 역할이다. 예를 들어 AI가 추천한 영어 지문을 활용해 교사가 학생들과 토론을 진행하면 사고의 폭을 넓히는 데 큰 효과를 줄 수 있다.

의료와 건강 관리

AI는 영상 분석이나 질병 예측과 같은 정밀 분석 작업에 강하다. 암이나 뇌 질환과 같은 복잡한 질병의 조기 징후를 포착하는 데 AI의 도움은 매우 크다. 그러나 어떤 치료를 선택할지, 환자의 상태를 종합적으로 판단하는 일은 의사의 섬세한 진단과 윤리적 결정을 필요로 한다. AI는 진단을 보조할 뿐이며, 환자와의 소통과 치료 계획 수립은 여전히 인간이 주도해야 한다.

심리 상담 및 정신 건강 관리

AI는 사용자의 감정을 분석하거나 스트레스 신호를 조기에 포착하는 데 도움을 줄 수 있다. 감정 일기 분석, 자동 채팅 응답 등의 기능은 상담사의 업무를 지원하지만, 공감과 해석, 깊이 있는 상담 개입은 사람만이 할 수 있다. 결국 사람 사이의 따뜻한 공감과 신뢰는 AI가 대체할 수 없다. AI 챗봇이 초기 감정 상태를 분석하고 이후 전문 상담자가 심층 상담을 이어가는 방식의 협업이 바람직하다.

비즈니스 의사 결정

AI는 대량의 데이터를 빠르게 분석하고 판매 트렌드·수요 예측·위험 요소 감지 등에 탁월한 능력을 보인다. 그러나 데이터를 바탕으로 어떤 전략을 선택하고 고객 관계를 어떻게 조정할지는 인간의 경험과 통찰에 달려 있다. 예를 들어 AI가 분석한 고객 행동 데이터를 활용해 마케팅 전략을 세우고 제품 개발 방향을 조정하는 과정에서는 여전히 인간의 창의성과 판단력이 필요하다.

과학 연구 및 실험

AI는 방대한 데이터를 처리하고 실험 시뮬레이션이나 계산 모델링을 통해 연구 속도를 획기적으로 높인다. 유전자 조합 예측, 신약 후보 물질 추출 등은 AI가 뛰어난 능력을 보이는 영역이다. 그러나 연구의 방향을 설정하고 의미를 해석하며 창의적으로 연결하는 일은 연구자의 몫이다. 수많은 가능성 중에서 어떤 길을 선택할지 결정하는 것은 결국 인간이다.

AI에 대한
무비판적 수용을 경계하자

AI는 빠르고 편리하다. 그래서 아이들은 새로운 기능이 등장하면 자연스럽게 먼저 사용한다. 낯설어하거나 의심하기보다, 당연하다는 듯 받아들인다. 하지만 기술이 편리해질수록, 그 이면에 어떤 원리와 대가가 숨어 있는지 돌아보는 태도도 함께 길러져야 한다. 기술은 어디까지나 도구다. 그리고 도구를 어떻게 대하느냐가 아이의 사고방식과 태도를 결정한다.

아이에게 진짜 필요한 것은 기술을 무조건 받아들이는 습관이 아니라, "이 기술을 왜 쓰지?", "이 정보는 어디에서 왔지?" 같은 질문을 던질 수 있는 비판적 감각이다.

생각 없이 기술을 쓰면 판단력이 약해진다

기술을 무비판적으로 받아들이면, 가장 먼저 약해지는 것은 판단력과 사고력이다. AI가 대신 답을 내려주는 환경에 익숙해지면, '왜?'라는 질문이 사라진다. 검색창보다 더 빠른 AI는 고민할 시간을 줄여주지만, 동시에 생각의 기회도 빼앗는다. 문제를 마주했을 때, 스스로 고민해 답을 만들기보다는 정답이 오기만을 기다리는 태도가 자리 잡는다.

AI는 정답을 '내리는' 존재가 아니라, 생각을 돕는 도구라는 사실을 아이 스스로 이해해야 한다. 이 차이를 모르면, 아이는 스스로 판단하지 못하는 '수동적 인간'으로 자랄 수 있다.

개인정보와 디지털 발자국에 대한 이해가 부족해진다

대부분의 아이들은 AI 기능이나 무료 앱이 어떤 정보를 수집하는지 알지 못한다. 로그인이 간편하니까, 공짜니까, 친구도 쓰니까 의심 없이 사용한다. 하지만 작은 클릭 하나, 동의 버튼 하나가 디지털 흔적으로 남고 그 정보는 광고 추천, 행동 분석, 나아가 범죄적 악용의 출발점이 되기도 한다. 예를 들어, 일부 앱은 사용자의 위치, 음성, 검색 기록, 연락처까지 수집한다. 아이들은 이런 사실을 전혀 인식하지 못한 채 기술을 사용한다.

부모가 아이와 함께 "이 앱은 어떤 정보를 요구하지?", "이 기능은 왜 이 권한을 필요로 할까?"라고 질문하며 살펴보는 일은 실질적인 디지털 시민 교육이 된다. 단순히 기술을 '써보는' 것보다, '제대로 아는' 일이 더 중요하다.

🤖 AI도 틀릴 수 있다는 사실을 놓치기 쉽다

아이들은 AI가 말하면 무조건 맞을 것이라고 믿는다. 하지만 AI는 완벽하지 않다. 잘못된 데이터를 학습하면, 편향되고 부정확한 답을 내놓기도 한다. 예를 들어, AI 채팅봇에게 역사적 질문을 던졌을 때, 사실과 다른 왜곡된 정보나 편향된 관점을 제시하는 경우도 있다. 이는 AI가 진실을 판단해서 말하는 것이 아니라, 데이터의 평균을 추론할 뿐이기 때문이다.

그래서 아이에게 필요한 것은 기술을 불신하는 태도가 아니라, AI의 답을 한 번 더 점검해보는 습관이다. 이 습관이 앞으로의 시대에 꼭 필요한 '기술 면역력'이 된다.

🤖 기술이 사회 구조의 불평등을 심화시킬 수 있다

기술은 사람 사이의 격차를 줄이기도 하지만, 아이들 사이의 기회 격차를 더 크게 벌리기도 한다. 어릴 때부터 기술에 익숙한 아이는 더 많은 정보와 기회를 누린다. 반면, 기술을 단순한 '편리한 도구'로만 사용하는 아이는 그 원리를 이해하지 못한 채 점점 뒤처지기 쉽다. 특히 AI를 적극 활용하는 아이와 그렇지 못한 아이, 정보를 비판적으로 분석하는 아이와 그렇지 않은 아이 사이의 간극은 점점 커진다. 문제는 이 차이를 '능력'이나 '성향' 탓으로만 돌리는 분위기다. 아이가 뒤처져도 시스템이 아니라 개인의 문제로 취급되면서, 기술이 만들어내는 구조적 불평등은 잘 보이지 않는다.

부모가 먼저 이 흐름을 인식하고, 아이가 기술을 무조건 받아들이지 않고 스스로 질문하게 돕는다면 단순한 정보 격차를 넘어 사고력 격차까지 줄일 수 있다. 지금 우리에게 필요한 것은 아이가 기술을 빨리 배우는 것이 아니라, 그 속에 숨은 불평등 구조를 함께 들여다보는 일이다.

😊 비윤리적 기술 사용의 방치

기술을 제대로 이해하지 못하면, 그것이 악용되는 상황을 막을 수 없다. 그래서 디지털 윤리 교육과 AI 예절 교육이 필요한 것이다. 딥페이크 영상, 감정을 조작하는 알고리즘, 사용자를 중독시키도록 설계된 SNS처럼 기술은 중립적이지만, 사용 방식에 따라 심각한 윤리 문제로 이어질 수 있다. 기술의 속도와 편리함만 좇다 보면, 정작 중요한 인간성이나 인류애 같은 보편적 가치를 잃어버릴 수 있다.

그래서 기술을 '비판적으로' 받아들이는 태도가 중요하다. 단지 편리하다는 이유만으로 받아들이기보다는, 그 이면에 숨은 원리와 영향력을 스스로 살펴보는 습관이 필요하다. 그래야 기술이 우리 삶을 진정으로 이롭게 만드는 방향으로 나아갈 수 있다.

'디지털 격차'보다 중요한
'디지털 감각' 기르기

디지털 격차란 기기나 인터넷에 접근할 수 있는 환경의 차이를 말한다. 부모의 경제적 수준이나 문화적 배경에 따라 학생들이 정보에 접근하고 학습 기회를 누릴 수 있는 정도가 달라질 때, 그 차이가 곧 디지털 격차로 이어진다. 결국 같은 세대 안에서도 학습의 기회와 경험에서 불평등이 발생할 수 있으며, 이는 교육의 형평성 문제로까지 이어진다. 디지털 감각은 단순히 기기를 다루는 기술이 아니라, 디지털 기기를 사용할 때 균형 있게 선택·활용하고, 정보를 비판적으로 읽고, 윤리적으로 행동하는 내적 능력을 말한다. 여기에는 다음과 같은 요소가 포함된다.

· 정보를 찾고, 판단하며, 적절히 활용하는 능력

· 온라인에서도 예의를 지키고, 저작권을 존중하는 디지털 예절과 윤리

· 내 정보가 어떻게 사용되는지 이해하고, AI·알고리즘·개인정보 문제에
  민감하게 대응할 수 있는 감수성

· 무분별한 사용을 피하고, 필요한 만큼만 사용할 줄 아는 자기조절 능력

이 네 가지를 종합한 것이 바로 디지털 감각이다. 디지털 감각은 단순한 '사용 능력'을 넘어, 기술 사회에서 올바르게 살아가기 위해 반드시 길러야 할 핵심 역량이라고 할 수 있다.

왜 디지털 감각이 디지털 격차보다 더 중요한가?

디지털 격차는 기기를 지원하면 어느 정도 해결된다. 하지만 디지털 감각은 교육 없이 해결되지 않는다. 기기를 아무리 줘도, 정보를 비판적으로 보지 못하고, AI나 알고리즘의 작동을 모르며 온라인에서 상처받거나 피해를 줄 수 있다.

디지털 격차와 디지털 감각의 차이

구분	디지털 격차	디지털 감각
핵심 내용	기기를 가졌는가?	잘 쓸 줄 아는가?
문제 해결 방법	인터넷 설치, 기기 지원	교육, 훈련, 경험
예시	태블릿이 없어 숙제 못 함	유튜브로 가짜뉴스를 믿음
중요성	기초적인 접근 문제	디지털 시대의 생존 감각

🤖 디지털 감각은 어떻게 길러야 할까?

오늘날을 살아가는 우리에게 '디지털 감각'은 더 이상 선택이 아닌 필수적인 역량이다. 디지털 감각은 단순히 컴퓨터를 빠르게 다루거나 스마트폰 앱을 능숙하게 사용하는 '기술적 능력'만을 의미하지 않는다. 그보다 중요한 것은 디지털 세계를 어떻게 이해하고, 다루며, 책임 있게 행동하느냐에 관한 태도와 사고력이다.

궁금한 것을 그냥 넘기지 말고 스스로 탐구하기

디지털 감각의 출발은 '질문하는 힘'이다. "왜 이 영상이 계속 뜰까?", "이 정보는 누가 만든 걸까?", "내 검색 기록은 어디까지 저장될까?"와 같은 질문을 스스로 던지고, 이를 직접 검색하고 비교하며 확인하는 태도가 필요하다. 깊이 있는 탐구 습관이 곧 디지털 사고력의 기초가 된다.

표현은 자유롭게, 그러나 감정에 휘둘리지 않기

댓글을 달거나 글을 올릴 때는 한 번 더 생각하는 습관이 필요하다. 순간적인 감정에 휘둘려 공격적이거나 무책임한 말을 남기지 않고, 상대의 입장을 고려하며 내가 한 말이 어떤 영향을 줄지를 성찰하는 태도가 중요하다. 디지털 감각은 표현의 자유와 책임이 균형을 이루는 데서 길러진다.

기술이 어떻게 나를 이해하는지 알아보기

우리가 자주 사용하는 유튜브, 틱톡, 넷플릭스, AI 챗봇 등은 사용자의 관심과 취향을 학습하여 추천을 제공한다. 이러한 기술이 어떻게 작동하는지 이해하려는 태도는 단순한 '소비자'에서 벗어나 '통제할 줄 아는 사용자'로 성장하게 한다.

디지털 디톡스 및 '리얼 감각' 즐기기

디지털 감각을 가진 사람은 기기를 '필요할 때' 사용하고 '멈출 줄도 아는 사람'이다. 사용 목적을 점검하고 시간 관리력을 기르며, '디지털 디톡스'를 실천해보는 자세가 필요하다. 디지털 디톡스 시간에는 몸을 직접 움직여 운동을 하고, 손으로 무언가를 만지거나 다듬어서 창작을 해보는 등의 활동에 몰입해보자. 터치스크린이나 키보드의 감각에만 치중되었던 데서 벗어나 실제 내 몸을 움직이거나 실재하는 물체의 '리얼'한 질감을 느끼는 데 집중해보자. 좋아하는 예체능 활동 등 리얼한 감각을 기를 수 있는 취미 활동을 해도 좋다.

디지털 시민으로서 책임감 배우기

디지털 공간 역시 하나의 사회다. 그 안에서는 존중, 공감, 배려, 책임과 같은 규칙이 필요하다. 공유하기 전에 출처를 확인하고, 가짜 뉴스에 휘둘리지 않으며, 온라인 폭력에 무관심하지 않는 태도는 디지털 시민으로서 반드시 지녀야 할 기본예절이다.

디지털 격차는 물리적이고 기계적인 문제라면, 디지털 감각은 그 것을 사용하는 사람의 태도와 행동에 관한 문제다. 앞으로의 세상 은 기기를 얼마나 잘 갖추었는가보다 그것을 어떻게 비판적으로 바라보고, 조절하며, 책임 있게 활용하는가가 더 중요한 세상이 될 것이다.

디지털 감각은 하루아침에 길러지지 않는다. 그러나 오늘부터 작은 습관을 바꾸고, 스스로 질문하며, 책임 있는 행동을 실천한다면 아이도 어른도 '디지털에 휘둘리지 않고 디지털을 활용하는 사람'으로 성장할 수 있다. 결국 디지털을 잘 다루는 사람보다, 디지털을 현명하게 이해하고 활용하는 사람이 미래 사회를 더 주도적으로 살아갈 수 있다.

AI와 건강하게 대화하는
다섯 가지 원칙

AI와의 대화가 일상이 되어 가는 시대, 아이들이 꼭 기억해야 할 다섯 가지 원칙이 있다. AI는 인간이 아니며 감정도 없고, 맥락을 깊이 이해하는 능력에도 한계가 있다. 화면 속에서 자연스럽게 대화한다고 해서 사람과 동일한 존재라고 착각해서는 안 된다.

그렇기에 AI의 특성을 이해하고, 어떤 방식으로 대화를 주도해야 하는지 미리 배워두는 것이 무엇보다 중요하다. 작은 원칙 하나하나가 쌓여야 아이가 AI를 정보 도구로 안전하게, 그리고 효율적으로 활용할 수 있다. 결국 AI와의 대화 습관은 앞으로의 학습 태도와 사고력에도 영향을 준다.

🤖 정확하고 구체적으로 말하기

AI가 도움을 주려면 사용자의 의도를 분명히 이해해야 한다. 질문이 모호하면 원하는 답을 얻기 어렵다. 예를 들어 "숙제 알려줘" 대신 "초등학교 4학년 사회 숙제인 '우리 고장의 위치와 특징'을 설명해줘" 처럼 누가, 무엇을, 어떻게, 왜를 명확히 담아 요청하자. 질문을 구체적으로 하면 AI의 답변도 훨씬 풍부해진다.

🤖 한 번에 하나씩 차근차근 물어보기

한꺼번에 너무 많은 것을 요구하면 대답이 엉뚱해지기 쉽다. "우리 고장의 위치와 산업, 기후를 모두 설명해줘"라고 묻기보다 "우리 고장의 위치는?", "주요 산업은?"처럼 질문을 나누면 더 정확한 답을 얻을 수 있다. 질문을 하기 전에 내가 알고 싶은 순서를 먼저 정리해 보는 연습도 도움이 된다.

🤖 예의 바르게 말하기

AI는 사람이 아니지만, 공손한 말투는 결국 자신의 인격을 드러낸다. "이거 해!"보다 "해줄래?", "고마워" 같은 표현을 사용하는 습관은 AI와의 상호작용을 부드럽게 만들고, 실제 사람과의 대화에서도 긍정적인 언어 습관을 길러준다. 사람이 아니라고 함부로 말하는 태도는 자신도 모르게 언어 습관으로 굳어질 수 있다는 점을 인식해야 한다.

🤖 AI의 대답을 무조건 믿지 않고 다시 생각하기

AI의 정보는 유익하지만 언제나 정확하지는 않다. 오래되었거나 잘못된 내용을 제시할 때도 있다. 그러므로 다른 자료나 책을 통해 재확인하는 태도가 필요하다. "AI가 알려준 답이 맞는지 한 번 더 확인해보자"라는 습관은 스스로 판단하는 힘을 키운다. AI는 '첫 번째 조언자'이지 '최종 결정자'가 아니라는 점을 항상 기억해야 한다.

🤖 AI는 친구가 아니다

AI는 공감하거나 위로할 수 없다. 정서적 기대를 과도하게 걸고 지나치게 의지하면 실제 인간관계가 약해질 수 있다. 고민이 있을 때는 AI가 아닌 부모, 선생님, 친구에게 이야기해야 한다. AI는 똑똑하지만 사람처럼 생각하지 않는다. 정확히 질문하고, 예의를 지키며, 스스로 판단할 때 AI는 훌륭한 정보 도우미가 된다. AI는 도구이고, 사람은 관계의 중심이라는 사실을 잊지 않아야 한다.

최근 젊은 세대를 중심으로 블루칼라 직업에 대한 관심이 높아지고 있다. 단순히 컴퓨터 앞에 앉아 자료를 정리하는 사무직보다, 몸을 움직이며 전문 기술을 활용하는 직업이 더 매력적으로 여겨지는 것이다. 실제로 최근의 블루칼라 직업은 높은 연봉과 짧고 집약적인 노동시간으로 인기를 끌고 있다.

이러한 흐름의 배경에는 AI 시대의 변화가 자리하고 있다. 워드, 엑셀 등 단순 프로그램을 다루는 사무직은 인공지능의 대체 가능성이 높은 반면, 숙련된 기술과 경험을 바탕으로 하는 현장 직업은 대체하기 어려운 영역으로 평가된다. 즉, 블루칼라 직업이 오히려 장래성이 있다는 것이다.

세계경제포럼wEF은 〈2025년 미래 일자리 보고서Future of Jobs Report 2025〉에서 앞으로 유망한 직업들을 제시했다. 기술 발전, 녹색 전환, 인구 구조 변화와 같은 글로벌 트렌드가 노동시장을 바꾸고 있으며, 그 속에서 새롭게 주목받는 직업들이 등장하고 있다.

2025년 이후 고용이 증가할 직업들

농업 종사자(Farmworkers)

기후변화 대응과 식량 안보 강화가 세계적인 과제가 되면서 농업 분야의 일자리가 다시 주목받고 있다. 단순노동을 넘어 스마트팜, 드론 농업, 친환경 농업 기술을 활용하는 첨단 농업 인력의 수요가 크게 늘어날 것으로 예상된다.

배달 운전사(Delivery Drivers)

전자상거래 시장의 폭발적 성장과 물류 서비스 고도화는 배달 인력을 꾸준히 필요로 한다. 특히 라스트 마일 배송, 드론 배송, 자율주행 차량 관리 등 기술과 결합된 물류 직업군이 각광받을 전망이다.

소프트웨어 개발자(Software Developers)

기업과 사회의 디지털 전환이 가속화되면서 소프트웨어 개발자의 역할은 갈수록 중요해지고 있다. 인공지능, 빅데이터, 클라우드 컴퓨팅 등 첨단 분야는 물론, 일상생활을 편리하게 만드는 앱과 플랫폼 개발도 여전히 높은 수요를 보인다.

건설 노동자(Building Construction Workers)

도시화, 인프라 개발, 재생에너지 시설 확충 등으로 건설 분야의 일자리는 꾸준히 늘고 있다. 단순노동뿐만 아니라 친환경 건축, 스마트 시티 개발, 안전 관리 기술을 겸비한 인력이 특히 필요하다.

소매 판매원(Shop Salespersons)

온라인 쇼핑의 확산에도 불구하고, 오프라인 매장의 경험 가치는 여전히 중요하다. 고객 맞춤형 서비스와 체험 중심 매장의 확대는 소매 분야에서 새로운 기회를 창출한다. AI 기반 고객 관리와 결합된 판매 직무는 더욱 각광받을 전망이다.

식품 가공 노동자(Food Processing Workers)

식품 산업은 자동화·효율성 향상과 함께 꾸준히 성장하는 분야다. 특히 가공식품, HMR Home Meal Replacement, 대체 식품 산업의 발달로 식품 가공 분야의 전문 인력 수요가 증가하고 있다.

간호사 및 사회복지사(Nursing Professionals & Social Workers)

고령화 사회 진입으로 의료 및 돌봄 수요가 폭발적으로 증가하고 있다. 병원, 요양 시설, 지역 사회에서 활동하는 간호사와 사회복지사의 역할은 앞으로 더욱 중요해진다. 인간적인 돌봄과 전문성을 동시에 요구하는 직업이다.

상담 전문가(Counseling Professionals)

정신 건강에 대한 사회적 관심이 높아지면서 상담 전문가의 수요가 크게 늘고 있다. 학교, 직장, 지역 사회뿐 아니라 온라인 상담 서비스까지 확대되며, 정신적 안정을 돕는 전문 직업군으로 자리 잡고 있다.

AI 및 머신러닝 전문가(AI and Machine Learning Specialists)

AI 기술의 급속한 발전으로 관련 전문가의 필요성은 날로 커지고 있다. 기업들은 맞춤형 서비스, 자동화, 데이터 분석을 위해 AI 인력을 적극 채용하고 있으며, 이는 가장 유망한 미래 직업군 중 하나로 꼽힌다.

핀테크 엔지니어(FinTech Engineers)

금융과 기술이 융합된 핀테크 산업은 급성장 중이다. 전자결제, 블록체인, 디지털 자산 관리, 온라인 뱅킹 등 새로운 금융 생태계가 형성되면서 이를 설계하고 관리할 엔지니어의 수요가 꾸준히 증가하고 있다.

속 시원한
AI 교육
상담소

요즘 아이들은 부모 세대와는 완전히 다른 환경에서 자랐습니다. 태어날 때부터 스마트폰과 태블릿PC, 유튜브·인스타그램 같은 SNS가 일상인 시대에 성장했기에, 스마트 기기를 사용하는 환경은 아이들에게 자연스럽고 당연한 것입니다.

이런 아이들에게 부모가 자신의 사고방식만을 기준으로 개입한다면, 마치 조선 시대의 가치관을 현대에 그대로 적용하는 것과 다르지 않습니다. 아이들에게 스마트 기기는 '특별한 도구'가 아니라 공부하고, 토의하고, 정보를 찾고, 놀이로까지 이어지는 일상의 기본 도구입니다. 이 현실을 부모 세대가 인정하고 받아들이는 것이 중요합니다.

물론 주의해야 할 점도 있습니다. 스마트 기기를 사용할 때 '왜 이 기기를 쓰는지' 목적과 의도가 흐려지지 않도록 가볍게 점검해주는 일입니다. 사용 시간이 과도하게 늘어나거나 목적과 다른 콘텐츠를 보고 있을 때 "지금 왜 태블릿이 필요한 거야?"라고 부드럽게 묻는 것만으로도 아이는 스스로를 돌아보게 됩니다.

요즘 아이들에게 스마트 기기는 부모 세대의 '전과, 백과사전, 문제집'을 모두 합쳐놓은 것과 같습니다. 우리는 이를 인정하고, 도구의 목적을 잃지 않도록 옆에서 방향만 잡아주면 됩니다.

요즘 화두가 되는 ‘게이미피케이션’ 학습은 단순히 재미를 주는 활동이 아닙니다. 학습자가 흥미와 즐거움을 느끼면서도, 궁극적으로는 학습 목표에 도달하도록 설계된 구조입니다. ‘AI 활용 교육, 스마트 교육’의 일차적인 목적 역시 재미가 아니라 학습 목표 달성에 있으며, 수업에 포함된 게임 활동도 이 목적을 중심으로 구성됩니다.

예를 들어 똑똑! 수학 탐험대의 카트 레이싱 연산 활동에서는 계산을 하지 않으면 미션을 통과할 수 없습니다. 학습자는 자연스럽게 문제 해결에 참여하게 되고, 정답을 맞혔을 때 제공되는 부스터 기능이나 점수 같은 보상 요소는 학습 동기를 더욱 자극합니다. 즉, 스스로 학습 욕구를 느끼도록 만드는 것, 이것이 바로 게임 기반 학습의 핵심 목적입니다.

아이들이 40분 동안 교사의 설명만 듣는 것보다 이런 활동에 훨씬 적극적으로 참여하는 모습을 보면, 게임 기반 학습이 아이들의 특성과 요구에 얼마나 잘 맞는 방식인지 쉽게 알 수 있습니다. 단순히 재미만을 위한 게임이 아니라, 학습을 위해 설계된 게임은 아이들이 즐거움을 느끼면서도 꾸준히 학습에 몰입할 수 있게 돕는 지속적인 장치가 되어줍니다.

Q. 챗GPT에 의존해 글을 쓰다 보면 오히려 글쓰기 능력이 떨어지지 않을까요?

챗GPT를 그대로 복사해 붙이는 방식으로 글을 쓰면, 오히려 글쓰기 능력이 퇴보할 수 있습니다. 따라서 챗GPT와 학습자의 역할을 명확히 구분하는 것이 중요합니다.

챗GPT는 자료를 수집하고, 다양한 관점을 탐색하는 데 도움을 주는 도구입니다. 반면 학습자는 그 자료 위에 자신만의 생각과 의견을 더해 글을 구성해야 합니다. AI가 생성한 글을 분석하고, 그 내용을 바탕으로 다시 써보는 과정을 반복하면 자연스럽게 글에 개성과 차별성이 생깁니다.

결국 챗GPT가 만들어내는 문장들도 수많은 사람이 쓴 글을 기반으로 만들어진 것입니다. 챗GPT는 도서관에 가서 책을 읽고 요약하는 수고를 덜어줄 뿐, 그 자체가 완성된 글은 아닙니다.

따라서 챗GPT는 글을 통째로 복사하는 도구가 아니라, 내가 쓴 글을 점검하고 피드백을 받는 데 활용하는 것이 바람직합니다. 문단 구성이 어색하지 않은지, 문장이 매끄럽게 이어지는지, 비문은 없는지 함께 고민해 주는 '보조 작가'로 활용하는 것이 가장 이상적입니다. 내가 쓴 글에 대해 즉각적인 피드백을 해줄 수 있는 친구이자 보조 작가가 있으니, 글쓰기 능력을 키우는 데 오히려 큰 도움이 됩니다.

Q. AI 시대 교실 현장에서 교육 방식의 변화가 궁금합니다. 예전의 교육과 달라진 점은 무엇인가요?

AI 시대 교실 현장에서의 가장 큰 변화는 학생 개인 수준별 맞춤형 수업이 가능해졌다는 점입니다. 학생은 진단평가를 통해 자신의 수준에 맞는 학습 내용과 문제를 제공받고, 이를 학습한 후 다시 평가를 거쳐 다음 단계로 나아갑니다. 일률적이고 획일적인 수업이 이루어졌던 과거와는 달리, 이제는 교실에서 학생 개인에게 맞는 수준별 학습이 이루어지는 시대가 된 것입니다.

또한 학생과 교사 간의 즉각적이고 빠른 피드백과 소통이 가능해졌습니다. 이전에는 한 단원이 끝나면 종이 시험지를 풀고, 교사가 이를 걷어 채점한 뒤 학생에게 돌려주고, 다시 가정에 알리는 방식으로 이루어졌지만, 지금은 학생이 수준별 맞춤 문제를 풀면 자동으로 채점되어 바로 학생에게 전달됩니다. 학생은 이를 보고 자신이 부족한 점을 스스로 반성하고 보충할 수 있습니다. 영역별 학습 결과 역시 표와 그래프로 정리되어 제공되기 때문에, 자신의 학습 현황을 한눈에 확인할 수 있습니다.

즉각적인 보상 시스템도 AI 시대 교실의 큰 변화입니다. 학습자가 학습 목표에 도달하면 재화나 아이템 등, 학습자의 흥미와 관심에 맞는 보상이 제공되어 학습 동기를 높여줍니다. 목표 학습량을 채우면 학습 내용과 연계된 게임을 할 수 있어 시간을 효율적으로 활용할 수 있으며, 학생의 기호와 흥미 역시 충족됩니다. 이처럼 AI 시대의 교육은 학습자 개개인에게 초점을 맞춘 교육이 이루어진다는 뚜렷한 특색을 가지고 있습니다.

Q. AI를 잘 활용하는 아이와 못하는 아이의 차이는 무엇인가요?

AI를 잘 활용하는 아이와 그렇지 못한 아이의 차이는 단순히 똑똑함이나 성적의 높고 낮음에서 비롯되는 것이 아닙니다. 실제로 더 중요한 요소는 ① 스스로 적절한 질문을 만들어내는 능력 ② AI가 제공한 정보를 비판적으로 검토하고 판단할 수 있는 힘 ③ 학습 과정 전체를 스스로 이끌어가려는 자기주도성입니다.

AI 시대에는 많은 지식을 암기하는 것보다 필요한 순간에 어떤 질문을 던질지 고민하고, 얻은 정보가 어떤 근거를 바탕으로 제시되었는지 스스로 확인하는 능력이 훨씬 더 큰 의미를 갖습니다. 또한 학습의 과정에서 학습자는 스스로에게 질문하고 점검하며 학습의 주체가 되어야 합니다. 이러한 역량이 충분한 아이일수록 AI를 단순한 답변 도구가 아니라 '학습을 확장하는 도구'로 활용할 수 있게 됩니다. 이 세 가지 능력의 차이가 AI 활용 능력을 결정하며, 앞으로 아이들 사이에서 나타날 학습 격차를 가르는 가장 핵심적인 요인이 될 것입니다.

Q. 교육부에서 추진되었던 'AI 디지털 교과서'는 어떻게 되었나요?

현재 'AI 디지털 교과서'는 교과서가 아닌 교육자료로 분류되며, 그 역할과 지위에 변화가 생겼습니다. 교과서와 교육자료는 분명히 다릅니다. 교과서는 교육과정과 수업 시수를 기준으로 그대로 가르치거나 재구성하여 필수적으로 사용하는 반면, 교육자료는 학교나 교사의 판단에 따라 보조적으로 활용할 수 있습니다.

교육은 국가 정책의 영향을 크게 받는 영역입니다. 최근의 급격한 사회 변화 속에서 'AI 디지털 교과서' 역시 큰 전환점을 맞았습니다. 정책 변화와는 무관하게, 전국의 교사들은 'AI 활용 교육' 연수를 의무적으로 이수하며 관련 역량을 갖추었습니다.

지금은 여러 이유로 사업이 중단된 상태지만, AI는 더 이상 거스를 수 없는 시대적 흐름입니다. 국가도 보다 안정적이고 체계적인 준비를 바탕으로 'AI 디지털 교과서'를 다시 도입할 가능성이 큽니다. 게다가 현재는 AIDT의 의무 도입만 중단되었을 뿐, 학교 현장에서는 이미 AI를 활용한 다양한 교육 활동이 진행되고 있습니다.

Q. 부모는 AI 활용 교육에 얼마나 개입해야 하나요?

AI 활용 교육의 핵심은 스스로 배우는 힘, 즉 '자기주도 학습력'을 기르는 것입니다. 물론 부모님의 역할이 사라지는 것은 아닙니다. 오히려 AI 시대일수록 부모님에게는 '관리자'가 아니라 코치이자 동반자로서의 역할이 더 중요해집니다. AI가 아이의 학습 데이터를 분석해 피드백을 주더라도, 그 결과를 해석하고 성장의 방향을 잡아주는 일은 부모님의 몫입니다.

"그건 어떤 뜻일까?", "너는 어떻게 생각하니?" 하고 되물어주는 짧은 대화 한마디가 아이의 사고력을 키워줍니다. AI가 제공한 답보다 그 답을 함께 해석하는 과정이 더 큰 배움이 됩니다.

부모님이 지나치게 간섭하면 아이의 자율성이 줄어들고, 완전히 방임하면 학습의 리듬이 깨질 수 있습니다. 가장 바람직한 개입은 '거리 두기 속의 관찰'입니다. 아이의 학습을 지켜보되 대신 판단하지 않고, 필요할 때만 방향을 제시해 주시는 것이 좋습니다. AI가 아이의 학습을 돕는 조력자라면, 부모님은 아이의 배움에 의미를 부여하는 안내자입니다.

Q. AI가 아이의 사회성을 떨어뜨리지는 않을까요?

아이의 사회성이 떨어지지 않을까 걱정하는 부모님들이 많습니다. 하지만 AI 활용 수업은 사회성을 약화시키기보다는 오히려 강화하는 방향으로 운영되고 있습니다. AI를 사용한다고 해서 아이가 기기와만 단독으로 상호작용하는 것이 아니라, 토론·협업·프로젝트 활동과 자연스럽게 연결되기 때문에 친구들과 의견을 나누고 함께 해결하는 과정이 더 많아집니다. 학교에서의 교육도 AI를 활용해 협력학습을 하는 방향으로 이루어지기 때문에 사회성을 저해하지 않습니다. AI는 학습을 위한 도구이지 결국 학습을 하는 주체는 학습자입니다. 오히려 잘 구조화된 수업에서는 아이들이 서로 이야기하고 협력하는 기회가 더 늘어, 사회성 발달에도 긍정적인 효과를 줄 수 있습니다.

Q. 아이가 AI에 너무 의존하면 게으르고 수동적으로 되는 건 아닐까요?

AI가 아이를 게으르고 수동적으로 만드는 것이 아니라, AI를 사용하는 방식이 아이의 태도를 결정합니다. AI에게 답을 요청하고 그대로 베끼는 방식으로 쓰면 사고 과정이 사라져 의존성이 생기고 스스로 생각하려는 힘이 약해지며 수동적인 태도가 고착될 수 있습니다.

반대로 AI에게 질문하고, 정보를 비교하며, 자신의 생각과 연결해 발전시키는 방식으로 쓰면 배움이 확장되고 오히려 더 능동적이고 주도적인 학습 태도가 형성됩니다. 아이는 AI를 편하게 답을 얻는 기계가 아니라 생각을 도와주는 도구로 인식하게 되며, 문제 해결

과정에 적극적으로 참여하게 됩니다.

중요한 것은 AI 사용 여부가 아니라 AI가 아이의 생각을 대신하도록 두느냐, 아이의 사고를 확장하도록 활용하느냐입니다. 이 방향만 제대로 잡혀 있다면 AI는 게으름을 만드는 기계가 아니라, 아이가 스스로 사고하고 성장할 수 있도록 돕는 강력한 배움의 도구가 됩니다.

Q. AI 사용 시간을 어떻게 정해야 하나요?

AI 사용 시간은 하루 몇 분, 몇 시간으로 정하는 것보다, AI를 어떤 방식으로 사용하느냐가 더 중요합니다. 오래 사용하더라도 질문하고 탐구하고 자신의 생각을 발전시키는 데 활용한다면 긍정적이지만, 정답만을 얻기 위해 쓰거나 아무 생각 없이 시간을 보내는 식이라면 단시간이라도 바람직하지 않습니다. 즉, 시간 중심의 통제보다 목적과 사고 중심의 사용이 더 효과적입니다. AI 활용 후 아이의 상태가 가장 중요한 판단 기준입니다. AI를 사용한 뒤 생각이 깊어지고 탐구 의욕이 생기며 자신의 결과물이나 의견 도출로 이어졌다면 적절한 사용입니다. 반대로 생각 없이 끝나고 스스로 한 것이 없다면 과한 사용입니다.

AI를 활용할 때 아이가 어떠한 목적과 생각으로 접하고 있는지를 상기시키고 아이와의 약속을 통해 목적을 달성했을 때는 과감하게 사용을 멈춘다는 것을 잊지 않게 해야 합니다. 이것이 시간보다도 더 중요한 원칙입니다.

Q. AI가 우리 아이의 학습 데이터를 수집한다고 하는데, 개인정보 걱정은 없나요?

AI가 아이의 학습 데이터를 수집한다고 하니 개인정보가 안전할지 걱정하는 부모님들이 많습니다. 하지만 공교육에서 사용하는 AI는 법적으로 매우 엄격하게 관리되기 때문에 상업적 목적으로 데이터를 활용하는 일이 원천적으로 차단되어 있습니다. 또한 학교에서는 아이들의 학습을 돕는 데 꼭 필요한 최소한의 정보만 사용하며, 그마저도 학습 향상을 위한 목적 외에는 활용하지 않습니다.

아이의 개인정보가 외부로 유출되거나 다른 용도로 쓰일 가능성은 거의 없으며, 공교육은 이 부분을 가장 중요한 원칙으로 삼아 운영하고 있습니다. 다만 개인이 검증받지 못한 AI 사이트나 콘텐츠를 사용할 경우는 주의가 필요합니다. 사용하기 전에 신뢰할 수 있는 AI 매체인지, 활용 사례와 효과는 무엇인지를 꼼꼼하게 따져보고 활용할 것을 권장합니다.

AI 시대에 중요한 과목은 특정한 한 과목이 아닙니다. 어떤 과목이든 그 과목을 통해 어떤 사고력과 문제 해결 능력을 기를 수 있는지가 중요합니다. 앞으로는 지식을 많이 아는 것보다 지식을 활용해 새로운 가치를 만들어내는 능력이 경쟁력이 됩니다. 국어·읽기는 정보를 비판적으로 읽고 AI가 생성한 내용을 평가하는 문해력과 해석 능력을 키워 주고, 수학은 문제를 구조화하고 논리적 사고를 기르며, 사회·역사는 다양한 관점과 윤리적 판단을 익히게 합니다. 과학은 가설과 근거 기반 사고를 훈련하고, 예술·음악·체육은 창의적 표현과 감정 조절, 자존감 및 협업 능력을 강화합니다.

AI 시대에는 과목의 우열이 달라지는 것이 아니라, 각 과목이 길러주는 사고방식이 연결되어 확장되는가가 중요합니다. 앞으로 아이에게 가장 필요한 역량은 문해력과 비판적 사고, 문제를 정의하는 능력, 창의적 표현력, 협업 능력, 그리고 AI를 목적에 맞게 활용하며 사고의 주도권을 유지하는 능력입니다. 지식을 많이 아는 것보다 지식을 활용해 새로운 의미를 만들어내는 능력이 AI 시대의 진짜 경쟁력이 됩니다.

AI 활용 학습 사이트

똑똑! 수학탐험대

AI가 개인별 수준에 맞는 수학 학습을 추천해, 게임형 탐험 방식으로 초등 수학 학습을 돕는다.

AI 펭톡

EBS와 교육부가 공동 개발한 AI가 학생의 영어 발음을 실시간으로 분석하고 피드백을 제공한다.

디지털배움터

AI와 디지털 리터러시, 미디어 교육을 주제로 한 무료 콘텐츠를 제공해 초등학생부터 성인까지 연령별 학습을 지원한다.

뤼튼 AI

대화 기반 맞춤형 AI가 검색·글쓰기·이미지 생성 도구를 제공하며, 영어 학습과 앱테크 기능을 지원한다.

빅카인즈AI

방대한 뉴스 기사를 효율적으로 검색할 수 있도록 돕는 AI 기반 도구다.

소프트웨어야놀자

네이버가 개발한 교육 플랫폼으로, AI의 원리와 코딩 기초를 쉽고 재미있게 배울 수 있도록 돕는다.

미리캔버스 AI / 망고보드 AI

AI 디자인 도구를 활용한 이미지 편집과 디자인 작업을 통해, 학생들이
AI를 활용한 창작물을 만들 수 있도록 돕는 도구다.

콴다 AI

학생이 문제를 사진으로 찍거나 텍스트로 질문하면, AI가 즉시 풀이와
개념 설명을 제공하는 학습 도구다. 특히 초등 고학년부터 중·고등학교
수학 학습에 효과적이다.

우리아이AI

초등학생을 위한 챗GPT로, 울산교육청이 개발했으며 상황 설정에 따른
대화 기능을 제공한다.

투닝 / AI망고툰

AI 기술을 활용해 웹툰 제작 과정을 효율화하는 웹 기반(클라우드형) 창
작 플랫폼이다.

초피티

초등학생을 위한 챗GPT로, 과목과 학년을 지정하면 해당 수준에 맞춘
학습 설명과 연습을 제공한다.

Khan Academy + Khanmigo
초중고 전 학년

AI 튜터가 문제 풀이를 돕고, 학습자의 이해 수준에 맞춰 단계별 힌트를 제공한다.

ReadTheory
초중고 전체

AI가 학습자의 영어 독해 수준을 분석해 맞춤형 지문을 제공하는 학습 도구다.

Photomath
초등 고학년~고등학생

문제를 사진으로 찍으면 풀이 과정을 단계별로 설명해준다.

Socratic by Google
중학생 이상

수학 문제 풀이 설명과 함께 유튜브 영상, 핵심 개념 요약을 제공하는 학습 지원 도구다.

Speak
중학생 이상

영어 발음을 실시간으로 평가하고, 회화 연습을 지원하는 학습 도구다.

NotebookLM
중학생 이상(Google Workspace for Education 사용시 모든 연령 가능)

생성형 AI 중에서도 학생들의 학습을 돕기 위한 목적으로 개발된 성격이 강한 도구다.

Claude
중학생 이상

생성형 AI로, 긴 글이나 복잡한 자료를 읽고 맥락을 이해해 설명하는 데 강점이 있다.

챗GPT
중학생 이상

생성형 AI로, 질문에 맞춰 자료를 검색하고 핵심 내용을 정리해 주는 데
활용된다.

Suno AI
중학생 이상

원하는 분위기의 음악을 작곡할 수 있는 AI 도구다.

Gemini
중학생 이상(자녀 보호 계정은 초등학생도 가능)

구글 기반 생성형 AI로, 자료 검색과 정보 정리를 돕는다.

Mathspace
중학생 이상

수학 문제의 풀이 과정을 분석해 단계별 피드백을 제공한다.

ELLLO
중학생 이상

영어 원어민 인터뷰를 기반으로 한 듣기 및 대화 연습 학습 도구다.

코파일럿
중학생 이상(Microsoft Family Safety 보호 계정 시 초등학생 사용 가능)

마이크로소프트 기반 생성형 AI로, 자료 검색과 정보 활용을 돕는다.

QuillBot / Grammarly / 헤밍웨이 에디터
중학생 이상

영어 문법·어휘·문장 구조를 자동으로 교정하고 첨삭·다듬기를 돕는 글
쓰기 AI 도구들이다.

AI와 친한 아이가 살아남습니다

초판 1쇄 2026년 1월 25일

지은이 신재현 공혜정
펴낸이 허연
편집장 유승현

책임편집   고병찬
편집부   정혜재 김민보 이예슬 장현송 민경연
마케팅   한동우 박소라 김영관
경영지원   김정희 오나리
디자인   김민지

펴낸곳 매경출판㈜
등록 2003년 4월 24일(No. 2-3759)
주소 (04557) 서울시 중구 충무로 2(필동1가) 매일경제 별관 2층 매경출판㈜
홈페이지 mkbook.mk.co.kr   스마트스토어 smartstore.naver.com/mkpublish
페이스북 @maekyungpublishing   인스타그램 @mkpublishing
전화 02)2000-2610(기획편집) 02)2000-2646(마케팅) 02)2000-2606(구입 문의)
팩스 02)2000-2609   이메일 publish@mkpublish.co.kr
인쇄·제본 ㈜M-print   031)8071-0961
ISBN 979-11-6484-848-5(03590)